卷首语

2008年5月12日，本应是从日历上悄然撕去的平凡一页，但一切都因那场突如其来的灾难而变得不同。

在写下这段文字时，距离四川地震发生已逾半月，但兀立的残垣断壁与触目的淋漓鲜血仍然令我们心有余悸。在这段挥之不去的阴霾日子中，种种尖叫、嘶吼、挣扎、绝望、无助……连同原本籍籍无名的汶川县，在脑海中被不断放大，混合着空气中令人窒息的悲悯与挫伤，注定将成为国人不忍卒睹、无从触碰的沉痛回忆。

尽管如此，但逝者已息，生活仍将延续。事实证明，在历史之中，每次与重大的灾难横陈相对，除却难以愈合的创口，我们总会有更多的收获，以寄托这些人生中难以承受的重量——无论视点与角度，分析之下，不疏离“生命”的观照，而归结起来，也不跳脱“民生”的范畴。这也是《住区》创办至今，在编辑过程中一以贯之的宗旨。因为我们深知，只有无私的投入与深情的关切，才具有直指人心的力量，才得以构成令一份媒体保持纯粹与鲜活的人文支撑。

因此，本期我们继续紧贴时势，为读者献上了特别策划——对“夹心层”住房相关问题的讨论。“夹心层”是目前的一个热点话题，仅就居住而言，囿于我国对其认识起步较晚，研究较薄弱，亦没有相应完善的保障政策与措施，再附之该阶层公民的特殊性质，长期以来被搁置于“高不成、低不就”的尴尬境地便不足为奇。回到经验之中，我们同样会发现，一道或诸多难解之题，最大的挑战也往往出自其中间或过渡环节——但却是求解与攻坚的关键阶段。我们自然无法奢求“毕其功于一役”，以此将国内积攒多年的住房问题集中清扫，但毋庸置疑，社会对“夹心层”住房问题的热衷追捧乃至纷繁争议，均意味着我国在考量公民“住”的关键需求进程中向前迈进了分量扎实的一步，或正像某些专家所言，其代表了“现阶段政府转变住房管理职能的必要回归”。困难仍然显而易见，也尚有议案悬而未决，但我们需要更多的平和、耐心，甚或理解与宽容，以便健康、积极地协助推进我们的住房政策，从而创造良好的地产市场环境。

随着国内地产市场的不断膨胀，住区的规模与数量与日俱增，相应的规划设计也日益为消费者瞩目。城市拥堵与道路局促的紧迫现实，要求新型社区的建立，不能循规蹈矩，陷于传统窠臼。而应以更加开放自如的姿态，纳自身于城市空间与交通之中，进行一体化的交流与互动。“开放住区”这一主题，将用两篇精炼的文章，为住区的创新发展提供借鉴与参考。

另外，本期“本土设计”将继续推出国内另外一家著名的设计机构——上海柏涛建筑设计咨询有限公司，共同回顾他们5年来精心打造的建筑理想，关注他们是如何在“设计引领生活”的美好愿景下，将不同国籍、不同教育和生活背景的设计师融汇一处，将迥异的思想、理念与设计哲学共冶一炉，将头脑中的蓝图、图纸上的汗水转化成了中国大地上的美好现实。

图书在版编目（CIP）数据
住区.2008年.第3期/《住区》编委会编.
—北京：中国建筑工业出版社，2008
ISBN 978-7-112-10156-6
Ⅰ.住... Ⅱ.住... Ⅲ.住宅－建筑设计－世界
Ⅳ.TU241
中国版本图书馆CIP数据核字（2008）第 079646 号

开本：965X1270毫米1/16　印张：7¹/₂
2008年6月第一版　2008年6月第一次印刷
定价：36.00元
ISBN 978-7-112-10156-6
（16959）
中国建筑工业出版社出版、发行（北京西郊百万庄）
各地建筑书店、新华书店经销

利丰雅高印刷（深圳）有限公司制版
利丰雅高印刷（深圳）有限公司印刷
本社网址：http://www.cabp.com.cn
网上书店：http://www.china-building.com.cn

目录

住区

COMMUNITY DESIGN

CONTENTS

封面：藤本壮介事务所原始的未来住宅项目结构示意图

特别策划

Special Topic

夹心层住房问题讨论

“Sandwiched Population” in Focus

- 赵文凯：“夹心层”住房问题不是孤立的问题
  Zhao Wenkai:Housing of “Sandwiched Population” is not an isolated phenomenon
- 顾云昌：不应忽视“夹心层”的住房需求
  Gu Yunchang:Housing needs of “Sandwiched Population” shall not be neglected
- 郑思齐：“夹心层”及其公共住房政策选择
  Zheng Siqi: “Sandwiched Population” and related social housing policies
- 尹 强 苏 原：出台限价房是现阶段政府转变住房管理职能的必要回归
  Yin Qiang and Su Yuan:Price-controlled housing indicates the changing role of the government in housing management
- 罗 彦：“夹心层”的住房需求：客观而又难解之题
  Luo Yan:Housing needs of “Sandwiched Population”: evident and problematic
- 刘燕辉：”夹心层“变为”佳心层“
  Liu Yanhui:From “Sandwiched Population” to “Pleased Population”
- 贺承军：“夹心层”住房问题是个伪问题
  He Chengjun:Housing of “Sandwiched Population” - a false proposition

“夹心层”住房问题不是孤立的问题

Housing of “Sandwiched Population” is not an isolated phenomenon

中国城市规划设计研究院 赵文凯

“夹心层”是目前的一个热点话题，其是既不够保障性住房的申请条件，又没有能力购买商品住房的社会群体，他们处于住房保障政策覆盖范围以外，同时也在商品房有效需求范围以外，可以说在很多城市，尤其是在大城市存在对其住房保障政策的空白区。

“夹心层”一般出现在中低收入家庭的阶层，但问题的凸显与近两年房价大幅上涨是分不开的。房价上涨使得原来还买得起商品房的人现在买不起了，出现了新的一批“夹心层”，而且“夹心层”向更高收入的阶层扩大，其社会影响也随之加大。例如刚毕业的大学生、刚参加工作的年轻人都属于这个群体，在大城市，中等收入的阶层也有被划为“夹心层”的趋势。

此外，各城市的住房保障政策都是针对本市居民的，户口是各种保障性住房的主要申请条件之一，外来人口根本得不到保障，不只是农民工，还包括寻求创业和个人发展的人和家庭。这些都不利于提高城市活力和补充经济发展所需要的人力资源，实际上城市的竞争能力在下降。

“夹心层”问题还不止这么简单，另有一些情况，也属于与夹心层类似的问题，我认为可以叫做政策内的“夹心层”。一是符合廉租房申请条件，可申请到廉租房的租金补贴，但仍支付不起市场上出租住宅的租金，或者能支付得起的出租住宅位置偏远，对就业不利，交通成本高，难以获得生活来源。二是符合购买经济适用房的条件，但其收入扣除购买食品、水电费、小孩上学、医疗等基本支出后，所剩无几，支付不了经济适用房的首付和月供。三是政府所能提供的保障性住房满足不了居住要求的，例如经济适用房面积太小、居室少，对人口多的家庭就不适用。

对于“夹心层”问题及其解决途径，我个人认为有以下几个问题：

1.国家住房发展的目标不清晰

城市住房制度的制定需要有中央政府通过法律、政策等形式的指导，但目前全国性的住房发展目标是缺失的。住房的公平性、解决基本居住要求、逐步提高生活质量等都是政策的选择方向，在没有国家有关政策的情况下，就出现了地方政府五花八门的住房政策。例如仅保证有户口的本地居民，保障性住房面积标准越来越小，由于财政能力而布局偏远等，都有可能是错误的选择。顾云昌先生的一个观点很有意义，不能新建一大批低标准住房，而应新建“好房子”，可以通过置换，将既有住宅用于保障。虽然有了“建设小康社会”的大目标，但落实在住房发展上，应该制订更清晰的国家住房发展的目标。

2.制度设计不科学

各地制定住房保障政策和制度都是在摸索中进行的，没有经验，时间也仓促，有覆盖不到和考虑不周的情况，亦属正常，这也是深化住房制度改革的客观现象和必须经过的过程。总之，住房保障制度的设计，应该全面考虑问题，要根据市场价格确定保障范围，使住房保障与市场实现“无缝对接”，而且应根据经济发展、社会发展、城市发展的需要，制订积极的政策，使住房保障不只具有“扶贫”的属性，也是促进各项事业发展的动力。

3.市场调控不准确

住房是个人财产，但因占用土地、空间等资源，而具有较强的外部性，尤其在我国城市土地紧张的情况下，自己多拥有1m²就意味着他人少1m²。目前的现实是“夹心层”与住宅闲置并存，户型面积过大、一户多套的现象比较普遍，因此，调节资源占用应该是调控政策的核心，而不是片面地控制套型面积。市场说明了这一点，价格涨了，买小户型的也不是中低收入家庭，因此应通过金融、税收等办法，促使住房资源通过转售、出租的方式提高利用率。

4.土地供应不合理

目前土地供应与城市化速度是不匹配的，存在总量偏小和城市之间不平衡两方面问题。按照有关规划和预测，到2020年，全国城镇化率将由43%提高到56%，平均每年约1800万人进入城市，加上现有居民的居住条件改善的需求，平均每年需要住宅约10亿m²，需要居住用地150万亩，换算成城市建设用地平均每年需要500万亩。而按照有关数据显示，未来每年全国建设用地供应为400万亩，其中100万亩用于城市建设，这就形成了土地供应与需求的紧张局面。在这样的供需状况下，提高保障性住房的比例，只能压缩商品房的供应量，按照价格形成机制，商品住宅的价格将进一步提高，其结果是更高收入的阶层出现购房困难，产生新的“夹心层”。

“夹心层”问题不是孤立的问题，不仅涉及住房保障政策，也与房地产市场有密切的关系，是整个住房体系中系统问题的一种表现形式。“夹心层”问题的解决需要有三个必要条件：一是有完善的政策和机制，建立更完善的住房政策，将住房保障与市场调控结合为一体，将“头疼医头、脚疼医脚”变为系统控制；二是土地供应基本平衡，包括抑制不当需求和保障供应两个方面，并且充分利用土地，适当提高开发强度，积极利用可改造的用地，保证住宅建设量；三是合理规划，按照各类家庭工作生活的实际需求，合理布局各类住房。

不应忽视“夹心层”的住房需求

Housing needs of “Sandwiched Population” shall not be neglected

中国房地产及住宅研究会 顾云昌

一、“夹心层”的界定

以收入为尺度，整个社会群体可以划分为五个层次：低收入、中低收入、中等收入、中高收入和高收入。也可以分为七个层次，即除此外增加最高收入和最低收入两个层次。而夹心层是一个相对的概念。何种收入群体属于夹心层，目前尚无清晰的界定。一般可以认为，夹心层是没有资格享受社会保障房，又买不起商品房，被夹在中间的群体。据我所知，在世界各国，中等收入以上家庭住房大多可以通过市场租或买解决，最值得关注的应该是中低收入群体的住房问题，因此，中低收入家庭是夹心层的主体。

二、我国“夹心层”住房所面临的尴尬处境

在我国，随着房价的快速上涨，以及经济适用房调整为面向低收入家庭的保障性住房，中低收入群体等夹心层面临的问题变得愈来愈突出。

首先，近几年来面向中低收入群体供应的经济适用房占住宅供应总量的比例是呈下降趋势的。根据我们调查，在经济适用房起步阶段的2000～2001年，许多城市经济适用房占住宅供应总量达20%以上。部分城市，如哈尔滨、长沙等市，其比例甚至达到了60%。2003年以后，经济适用房的供应比例明显下降，大致在5%左右。比如2006年全国经济适用房投资只占住宅总投资的5%，2007年1～11月占4.5%。经济适用房供应比例的缩小无形中扩大了夹心层的范围。

其次，各地城市房价上涨幅度不同对不同阶层带来的影响不一。现在特大城市与中小城市的房价可能相差十倍，但工资却难有如此大的差别。由于近几年一些大城市房价上涨过快，由此导致其住房夹心层的比例要高于中小城市，因此，在大城市，夹心层的住房问题变得更为迫切。现在政府住房的供应重点是通过廉租房、经济适用房解决低收入家庭住房困难问题，而夹心层，特别是其中中低收入家庭的住房问题，则被暂时地遗忘了。

我党十七大提出“住有所居”，联合国提出“人人享有适当住房”。为了实现人类居住的这一共同目标，我国的住房制度安排，就不能忽视或轻视夹心层这一问题。令人高兴的是，中央和地方政府已经关注到这一问题，北京、广州等地开始通过推行限价房等措施来解决夹心层的住房困难，这是一个好的开端。

三、“夹心层”住房的解决之道——限价房

1.限价房是对过去经济适用房的替代

限价房是去年开始兴起的新事物，目前国务院并没有出台正式文件对此进行界定。有的称为两限房，有的叫限价房，说法不一。有的地方，比如上海前几年推出“配套商品房”和“中低价位商品房”，今年又推出经济适用房，面向中低收入群体。在我看来，限价房的一个重要特点在于其商品属性，即“政策性的商品房”。从某种程度上说，限价房是对过去几年推行的经济适用房的一种替代。

因为，我们的经济适用房政策是发生了变化和调整的。1998年出台的《国务院关于进一步深化城镇住房制度改革，加快住房建设的通知》提出，“中低收入家庭购买经济适用房”，“要调整住房投资结构，重点发展经济适用住房”，“使经济适用住房价格与中低收入家庭的承受能力相适应”。2003年发布的《国务院关于促进房地产市场持续健康发展的通知》调整变化为，“经济适用住房是具有保障性质的政策性商品住房”，并要求“逐步实现多数家庭购买或承租普通商品住房”。2007年《国务院关于解决城市低收入家庭住房困难的若干意见》再次调整变化为，“经济适用住房供应对象为城市低收入住房困难家庭”。由此，经济适用房供应对象发生了重要改变，已将中低收入人群排除在外。

目前一些大城市推出的限价房，其功能与定位是为了实现与目前

经济适用房供应结构的衔接，一定程度上填补商品房与经济适用房之间的供应“缝隙”，相当于对“具有一定保障性质的政策性的商品房”的一种替代。

2.正视各地限价房差异，有效发挥其作用

目前，广州、北京等大城市均出台了限价房政策，但是各地在限价房的定价、购买群体、是否上市交易等方面要求不一。各地限价房的限定条件是由各地根据当地住房供求状况与购买人收入及比例等各种因素决定的。不同地区，其情况是不一样的。广州规定家庭年收入20万以下即可申请限价房，比北京三人及以下家庭年收入低于8.8万元的条件要宽松许多。但据说广州有部分申请者放弃了购买限价房，这与限价房的地段、朝向、套型设计及认购办法（据说限在一分钟内作出是否认购决定）有关，也可能与广州购买者对限价房的需求程度有关。北京与广州则不同，那里是首都，居住问题更加突出。我想假如北京限价房的准入条件和广州一样，可能会抢疯的。

准入条件的制定不仅由需求决定，还与供应能力有关。这种供应能力包括政府的财力与可供应土地的能力。北京近几年的土地供应十分紧张，其供应弹性很小。因此，限价房限制条件的设定需要综合考虑各城市的购买需求与供应能力，在二者间寻求一种平衡。

当然，目前各地限价房供应比例是否合适，设置条件是否合理，还需要在实践中不断调整和完善。我更关注的是，限价房应该吸取过去经济适用房的经验教训，进行严格的定位，极力避免高收入群体挤占了夹心层的利益。

因此，限价房不应只是限面积、限售价的“两限”，而应该多限，比如限供应对象，限上市条件等，特别要严把准入条件，把限价房规范好，作用真正发挥好。北京、广州等城市已在这方面迈出了可喜的步伐。

此外，不能因为是限价房就降低居住标准和楼盘品质。相应的配套工程设施及绿化、交通等一定要跟上。我比较赞赏北京市的做法，即在普通商品住宅的楼盘中配置一定比例的保障房或限价房，让不同收入的群体共同享受到适宜的居住环境，促进社会的和谐。

四、以正确观念与积极心态逐步实现“住房梦”

现在不少人在认识上存在一个误区，经常把“楼市冷热调控问题”与“住房制度安排问题”相混淆，而这是两个彼此相关但又相互独立的问题。事实上，房地产市场调控是一个世界性难题。即使在市场经济发达、住房制度安排相对成熟合理的美国，依然出现了在房地产市场中出现并引发的次贷危机。我国的住房制度改革和新体制的建立仅走过十年，目前还处于不断创新和完善的过程，可能还存在这样那样的问题，但相信我们一定会变得更加成熟和规范，在逐步把握发展规律的基础上，既要一次又一次地把楼市冷热、房价的稳定调控好，又要不断完善住房制度，实现住房供应结构的“无缝对接”，实现“人人享有适当住房”的目标。

纵观全球，无论在哪个国家，大城市房价都是不便宜的。在日本与韩国，首都的房价要比中小城市高得多，也比北京的高；在美国，亚特兰大的一栋别墅只要30万美元，而在纽约曼哈顿，一套100m^{2}的公寓则要70～80万美元。中国也一样，最近我去广东，了解到梅州市住房均价为1700元/m^2，与广州、深圳城市中心房价差了近10倍。所以，年轻人要充分认识大城市高房价的现实，要综合考虑自身各种因素与承受能力选择居住模式和住房类型，改变“一步到位”的住房观念，采取尽力而为、逐步改变的途径，比如通过租房→购买小面积住房→购买大面积住房的方式，逐步实现住房梦。

“夹心层”及其公共住房政策选择

“Sandwiched Population”
and related social housing policies

清华大学房地产研究所 郑思齐

目前，社会各界对“夹心层”的住房问题有许多讨论，政府也提出通过限价房、经济租用房等政策工具来为“夹心层”的住房消费提供支持。但是，限价房政策的实施又引发了许多争论，例如被限制后的房价仍然过高，购买对象的规定不尽合理，等等。本文尝试从比较宏观的角度，讨论夹心层的社会群体构成，以及针对“夹心层”的公共住房政策选择思路，以期为读者提供更为广阔的思考方向。

一、“夹心层”的群体构成

目前，社会各界对“夹心层”住房问题的讨论很热烈。所谓“夹心层”是一个相对概念，目前在学术界尚未对此有清晰的界定。一般认为，“夹心层”是没有资格享受含有政府补贴的政策性住房，也没有足够的支付能力在市场上购买或租赁住房，被“夹”在中间的群体。在世界各国的住房市场上，都有一定数量的“夹心层”家庭。目前在中国，“夹心层”在城市中的比重不可小视。近些年来，随着许多城市房价的快速上涨，中等收入及以下的居民的住房支付能力愈显不足，而政府的公共住房政策工具比较单一，主要以面向最低收入家庭的廉租房（租赁形式）和面向低收入家庭的经济适用房（购买形式）为主，“夹心层”能够获得的政策支持非常之少，其住房困难问题日益突出。

“夹心层”的群体构成是多元化的，我们可以从多个维度去观察它。首先自然是收入维度。一般认为，中等收入群体中的“夹心层”现象会比较多。高收入群体有足够的支付能力在市场上获取住房，低收入群体往往有资格申请政策性住房，而中等收入群体的住房选择自由度会比较小。在这里，财富也应当是一个衡量指标。在大样本中，财富与收入是显著正相关的；对于个别样本，两者会有差异。目前，我国建设部已经逐步认识到住房问题的收入维度，对政策性住房的供给有了一个比较明确的政策取向：主要通过廉租住房和经济适用房解决低收入家庭的住房问题；采用限价商品房和经济租用房解决中等收入家庭的住房困难问题。

第二个维度是人口流动的维度。快速的城市化进程为中国城市带来了大量的流动人口。他们中间有大量农村进城的“农民工”，主要从事一些低技能的体力劳动；同时也有许多从中小城市来到大城市，寻找更好发展机遇和就业机会的人们；以及在城市中读完书，想留在这里开创事业的毕业生，但由于暂时没有长期的工作还没有稳定下来（例如“北漂”）。后面两类群体的共同特点是以年轻人居多，具有较高的劳动力素质。由于生活和工作的不稳定性，他们中有许多人还没有拿到所在城市的户口。虽然目前对于这部分群体在城市人口中的比重没有一个权威的统计数字，但在北京、上海和一些区域性的大城市中，这部分社会阶层对社会经济的贡献，以及在社会空间中的话语权都是不可忽视的。尽管他们当前的收入水平不高，但能够预期在劳动力市场上具有持续增长的远期收入。他们在现阶段面临着结婚成家，住房需求非常旺盛，但却囊中羞涩，望“房”莫及。值得指出的是，目前我们的公共住房政策并没有关注这部分群体，所有的廉租房、经济适用房和限价房的购房群体都被限定为必须具有本城市户籍的家庭，无户籍人口被排斥在外。

第三个维度是家庭生命周期的维度。每个家庭都处于各自家庭生命周期的一个阶段并在逐渐演进。通常，收入随着年龄的增长和工作经验的积累而逐渐上升。对于刚刚开始工作的年轻家庭（或居民而言），当前收入要远小于持久收入。这个特点使得城市中的“夹心层”可能存在两种情况，一种是“长期”的“夹心层”，由于自身技术素质或工作能力较低，收入始终处于社会的中下层，住房支付能力始终不足；另一种是“暂时”的“夹心层”，他们正在社会阶梯上逐步上行，只是由于当前收入与当前住房需求不匹配导致了暂时性的住房困难，例如刚毕业的大学生。针对这两个群体的公共住房政策应当有所区别。对于后者，给予更加优惠的住房抵押贷款条件，使其更加容易地利用未来收入融资，是很有效率的补贴方式。如果为其提供政策性住房，必须有灵活的退出机制。

以上三个维度是相互耦合的，这使得夹心层的社会群体构成比较复杂，其住房需求的特征也各有区别。因此，在针对“夹心层”进行公共住房政策设计时，需要仔细分析各个群体的特征，“一刀切”可能会是低效的。

二、针对“夹心层”的公共住房政策选择

“夹心层”目前所面临的住房困境，其根源在于住房价格和居民收入之间的过度偏离。住房市场上的一些制度缺陷使其自身无法去调整和改善这些问题，政府在住房保障上的缺位又加重了这一矛盾。

公共住房政策的选择，主要包括政策覆盖的人群（包括人群规模和确定人群的规则等）和政策工具两个方面。从公共住房政策的覆盖人群来看，目前世界各国的情况可以分为“高保障”和“低保障”两大类。新加坡和北欧的一些国家属于“高保障”类型，政府为很大比例

的家庭提供力度很大的住房补贴。例如在新加坡，80%左右的家庭都居住在政府建设的组屋（HDB住宅）中。美国和加拿大等国家属于“低保障”类型，在美国，居住在政府直接或间接建造的公共住房中的家庭比例不足5%。当然，这两种模式不是截然对立的，有许多国家介于二者之间。总的来看，高保障类型的国家通常具有以下两个特点：第一，税赋偏高，政府可以支配的社会财富比重很大；第二，社会阶层构成比较单一，社会结构简单。当然，住房保障所覆盖的人群规模与公共财政能力也有密切的关系，即“有多少钱，做多少事”。这个问题相对复杂，不仅涉及财政收入的总量，而且涉及国家在教育、医疗、住房、基础设施等等多个开支方向上的重要性排序（这往往是个政治问题，而不是纯经济问题）。中国应该选择哪种模式？我们认为，在现阶段，第二种模式更具有可行性。这是因为，中国幅员辽阔，区域之间差异很大，经济发展的不平衡性和快速的城市化也造成了社会阶层的多元化和复杂化；同时，中国财税制度一直在不断改革，尚未稳定，需要财政投入的方面还有许多，政府支配社会财富的能力和效率尚不足以支撑“高保障”的模式。同时，实施“高保障”的必要性也不大，让市场作为土地和住房资源配置中的主导力量，其优势仍然相当明显。

实际上，即使在“低保障”的国家中，政府向住房领域的公共资源投入仍然是相当倾斜的，其背后的理论基础就是住房和社区建设对于整个国民经济具有很强的正外部性。这意味着，许多家庭都会在住房上获得各种各样形式的公共资源补贴，只不过得到大力度保障（例如直接提供公共住房）的家庭比重较小。例如在美国，家庭收入在（中位数收入×0.8）水平以下的家庭，如果租赁住房，都有资格获得或多或少的租金补贴。所有购房的家庭，其住房抵押贷款利息偿还额都可以在计算个人所得税时扣减，以鼓励人们实现住房自有。其普遍规律是，对于低收入群体，通常以直接补贴的形式为主；对于中等收入群体，往往采用财政、税收或金融政策为其住房消费提供间接支持，形成一些有效的激励来改变他们的行为。

具体到针对“夹心层”的公共住房政策，首先需要明确哪些人群是可以得到政府公共资源补贴的“夹心层”。首先，不应将“户籍”作为一道门槛，将非户籍人口挡在外面。社会和经济发展的终极目的是“人”的发展，而人的发展机会不应该由其出身来决定。人口流动是形成整合的劳动力市场和产品市场的关键条件，这对于提高经济运行效率有重要作用，好的住房政策不应该成为人口流动的障碍。如果只对具有本地户籍的“夹心层”提供限价房等政策支持，会阻碍适合于本城市产业结构的劳动力流入，也不利于具有本地户口，但更适合到其他城市发展或居住的居民向外流出，最终影响经济效率。从公平的角度看，这些没有当地户籍的中等收入群体，为当地经济作出了许多贡献，是推动产业发展的重要力量，没有理由在住房政策上对其进行歧视。当然，这个问题不是住房领域所独有的问题，而是我国一直以来实行的城乡二元结构在住房领域的反映。在社会保障和教育等其他领域，也有类似的问题。目前关于“社保一卡通”的讨论和政府即将进行的举措，也许能够为住房保障政策提供一些借鉴。这一问题必然涉及住房保障资金的来源：是由中央政府买单还是由地方政府买单？这个问题比较复杂，本文不再作过多论述。这里仅指出，从劳动力流动和住房社会效益的角度分析，中央政府应当是住房保障资金的主要承担者。

第二，可以考虑选用多种政策工具为“夹心层”的住房消费提供支持。限价房是其中之一，但可能还有其他更有效的政策工具，值得尝试。例如，对于“暂时”的“夹心层”，为其提供“实物补贴”性质的限价房必然要设计可行的退出机制，可能会带来比较大的执行成本。一个更好的想法是利用其预期收入较高的特点，用优惠的住房金融（含政府补贴）为其提供激励，让他们能够更方便地花自己未来的钱来为购买住房融资。具体的形式可以采用抵押贷款贴息、优惠利率的公积金贷款、政策性信用担保、抵押贷款利息偿还额免税，等等。这种间接补贴的效率一般会比较高。

限价房这一政策工具还可以与其他的政策工具相结合。例如，限价房目前遇到的一个问题，是参照周边商品住宅的价格进行折减后的价格，仍然与“夹心层”的住房支付能力相差过大。如果将城市规划政策与之相结合，通过增加建筑密度的方法（放宽规划对容积率的限制）来进一步降低单位面积的价格，则能够在一定程度上缓解这一矛盾。当然，这一做法的负面效应是日照和社区环境可能受到影响，但与改善中低收入居民的居住条件相比，这些应该是次要目标。

总而言之，无论是从效率角度，还是从公平角度而言，“夹心层”的住房问题都值得全社会的重视。我们需要将这一问题放在住房与社会经济发展的大框架下去思考，从住房政策的全局出发设计符合“夹心层”特点（劳动力特点、收入与财富特点、家庭生命周期特点）的政策工具组合，为“夹心层”住房梦想的实现插上一双飞翔的翅膀。

出台限价房是现阶段政府转变住房管理职能的必要回归

Price-controlled housing indicates the changing role of the government in housing management

中国城市规划设计研究院 尹 强 苏 原

理论上讲，一个正常的现代社会，应该保障大部分人有房住，无论是属于自己的房子还是租用其他人的房子，如果不能做到这点，那肯定是出了问题。当前国内城市商品房价格一路高歌猛进，购房难以及由购房难引发的社会矛盾日益突出。住房中存在的问题就像一个人得了病，需要吃药，要吃到病人痊愈，不是仅仅只吃两三天。对待疾病既要对症下药，也要反省是如何得病的。当前限价房的出台是政府现阶段干预住房市场的及时药方，也是政府借机转变住房管理职能的必要回归。

限价房应纳入住房保障制度中。它是一种特殊时期的特殊产权房，其主要任务应是满足中低收入家庭的自住需求，即解决一部分无能力购买普通商品房、又超过经济适用房购买条件的"夹心层"。

建设保障性住房，就是通过支付转移的方式实现社会收入的再分配，使广大中低收入和最低收入人群也能够享受经济发展的成果，从而保持分配公平和社会稳定，是在整体经济发展的前提下进行的一种补偿性分配。

让我们简单回顾一下，在1998年之前，城镇住房没有开始改革，还实行住房实物分配，国家在住房上大包大揽，实践证明是不可持续的；1999年之后，实行住房分配货币化，把住房完全推入市场，造成了房价飞涨，投机盛行，现在看来也不可持续。我们的住房政策从一个极端走向另一个极端，都走不通，想必只有中间道路可以尝试了。尽管社会上对限价房还有很多不同认识与理解，虽然出台限价房是政府解决目前住房矛盾的无奈之举，是没有办法的办法，但限价房的建设还是有必要的，其至少可以达到两个目的，一是矫正与规范房地产市场走向，二是弥补政府自身在住房保障中的缺位。

现在有些城市规定限价房5年后可以上市，其时间太短，应该延长到10年以上，而且应该收取溢价，杜绝限价房的投机倾向，这是现阶段针对官商勾结、信息不对称、开发商捂盘惜售、消费者信用体系不健全的情况下调整住房政策的最有效办法，如何最大限度发挥限价房的设立初衷？有三点要特别注意：

第一，限价房的作用发挥首先取决于其建设规模大小。如果每年只推出少量的限价房，不足以解决大量的自住房需求，不足以平抑目前的高房价，不足以构建结构合理的住房供应体系。应该在大中城市推动限价房的大量建设，同时收紧商品房土地供应，限价房开发比例应逐步占到商品房数量的30%～40%左右。政府要舍得让利，限价房要有足够的上市量，不能只起象征性作用。政府应该认识到，虽然目前在土地上让利了，表面上有些吃亏，但从保持城市房地产稳定，吸引中等收入人才，增强城市竞争力长远来看，利大于弊。所以，限价房不要限量发售，应该让购房人对房地产长期市场重新确立信心，也要让开发商对房地产市场有个回归认识，手里的地块是不是还要再捂下去了？手里的高价房是不是该以限价房作为样板，能降价就降价销售？如果这样发展下去，可能逐渐都是限价房了，那时再叫不叫限价房都无所谓了，因为这时的房地产市场已经成为了一种自然的发展模式，成为了一种基于有限资源条件下的可持续发展产业。

第二，限价房的作用发挥还取决于其有无长期建设规划。虽然限价房是政府针对现阶段对房地产市场失调的干预措施，但要做好打持久战的准备。对当前一些限价房开发与销售环节遇冷，不要过于担心，要在城市住房规划中至少安排10年以上的限价房建设的长远规划，从城市总体规划到控制性详细规划都要逐层落实限价房的用地安排，从而在规划和建设用地上切实保障限价房每年的建设需要。限价房宜与商品房和其他类型的保障性住房混合建设，在限价房比例较大的楼盘中，要考虑限价房和其他保障性住房的特殊需要，在其选址、公共交通和公共服务设施等方面规划应作出适当特殊安排，使得限价房不但在房价上，而且在地段上，都具有一定的竞争优势。

第三，必须有完善的限价房销售标准体系。为了有效防止"富人"钻空子，杜绝权力介入可能导致的腐败，必须保证销售过程中的公平、公正、透明。购买限价房要建立申请、初审、复审和备案制度，在审查阶段要进行公示。销售的对象可以适当扩大，主要面向中等、中低收入的夹心层，也可以包括一小部分中高收入者。有些城市在限价房准入方面规定许多特殊照顾条件并不合适。限价房具有两重性，它的保障性属性主要体现在政府对开发商开发行为的管理和约束，体现在土地开发上的经济利益出让；它的商品属性体现在它在销售市场上的公平公正，要辨证认识到这点，不要混淆。所以，在建立限价房制度上要一刀切，不要设立选房和准入优先条件，对销售对象要一视同仁，一旦有优先条件，就很难防止各种权力的不正当介入。

虽然限价房的政策在有的城市刚刚设立，还有很多不完善的地方，很难做到完全公正公平，但我们不能因噎废食。住房已经成为我国民生最重要的问题，要从尽快推动我国住房健康发展的角度出发，正确认识限价房的性质和它的历史作用。总有一天，限价房将会伴随着我国住房发展走入正轨而消失，但这种健康发展不能忘记当初限价房的历史功绩。

“夹心层”的住房需求：客观而又难解之题

Housing needs of “Sandwiched Population”: evident and problematic

中国城市规划设计研究院深圳分院 罗彦

近两年来，面对不断高涨的房价，国家将重点转向关注中、低收入家庭的住房，出台如廉租房、经济适用房等保障性政策，力求解决低收入家庭的住房问题。而中等收入和中低收入的人群就处于一个既享受不到廉租房，也买不到经济适用房，又买不起高价商品房的困境，这类客观存在的人群就被形象地称之为“夹心层”。

国家将中低收入家庭的住房问题纳入政策重心的方向值得肯定，但是如果说要满足他们拥有合法产权的住房需求，就显得稍微偏激了一点。我国政府领导人去新加坡与香港学习廉租房和公屋的建设经验，在国内也搞了一些试点，但是却出现了低收入家庭以其距离城市太远，交通不方便等为由而不去住的现象，这不能不说是政策性保障住房的尴尬。面对夹心层的问题，国家又应该如何理性、整体地来对待？

当然，这个夹心层群体的规模随各城市发展的不同，数量相差很大。不是我国政府在现阶段能够完整解决的。对于夹心层来说，住房困境更是一个一直客观存在而又无可奈何的事实。

具体涉及夹心层住房问题的解决，我想一个完善的，能够解决全部问题的方案是没有的，发展中的中国只能尽可能而为之，有点不能承受之重，但也不是说没有作为。

一是要解决住房供应结构的问题。前几年某些城市的经济适用房动辄上百平方米，要是在深圳，北京和上海的这些大城市，收入中上的人群一辈子可能只买得起这样的一套，还得通过二三十年的按揭。在中国资源有限的条件下，从心理上和生活标准上对中低收入家庭的住房条件都应该有客观的心态和认可，即改善住房供应结构。按照25m^2的人均居住面积计算，3口之家为75m^2，在深圳，一家两代人住60m^2的家庭很多。因此，应该坚决执行国家的两个70%政策，规范住房供应结构。

二是改变传统住房观念。人人享受住房，人人有房住，不一定说人人都有一套拥有自己产权的房子。正如上文所说的，现有的收入结构造成了我们广大的中低收入住房，我不想过分强调住房供给市场的稀缺性，我更偏向于理解住房可支付能力的稀缺猛于住房供给的稀缺。但是这个可支付能力不能靠国家去解决，否则会造成通货膨胀，房价可能涨得更高，结果还是买不起房。所以，广大的夹心层人群还得客观面对现实，改变一下观念——住房所有权可以是别人的，甚至国家的，但是我们有使用权，即租房，等待有能力的时候再购买。

三是大力发展公共租屋。公共租屋有两种来源，一是在商品房的开发过程中间，在小区中拿出一定比例的中小户型，由政府收购下来，后租给这些暂时买不起房子的夹心层；二是政府直接兴建一些中小户型的商品房，暂时租用给夹心层。公共租屋应该更多学习香港的经验，因为新加坡的强大政府保障性住房，在我国实施起来负担和压力是相当大的，至少现在这个阶段是不可能完全实现的。对于这些公共租屋必须建立起一套完善的住房使用规则，进行循环建设使用，享受公共租屋的夹心层人群包括新就业人群和中低收入人群。早期他们会出一部分租金，当然其可能比市场一般的出租屋会便宜一点。同时可以规定，如果居住5年以上，便有购买的资格，并给予一定的优惠。政府把这些租金和销售的房款必须全部用于公共租屋的再开发和维修等，形成良性循环，同时也得加强政府在交通出行与综合环境整治等方面的投入。

四是承认小产权房的合理性，甚至可以令其流通上市。不管是私人开发的，还是城中村抑或农民的房子，只要有市场需求，是合法的，就应该承认其合理性。城中村在解决中低收入人群居住方面为中国探索了世界经验，否则出现的就是贫民区。小产权房上市面对那么多困难是出乎意料的，政府可以对小产权房进行监管，对房屋的建设质量、管理水平和产权管理等方面进行制度改革，让其合理化。

五是政府有意识的补贴。政府的补贴主要体现在限价房上，不是所有阶层都应该享受同等的政府福利，对于夹心层来说，也只能有一部分享受到公共出租屋的待遇。对于其他的人，政府可以给予补贴。该补贴可以分成两部分，即到底是补人头还是补砖头的问题，实际上可以两方面进行。比如现在关于限价房补土地出让金实际上是补项目，即补砖头的一种做法。但如果贴息，把抵押贷款的这部分利息贴一部分，同时在二手房交易当中减税，实际上就是补人头，直接补到买房人。所以我觉得一直争论的补砖头和补人头恰恰在夹心层这个层面上可以同时并举。限价房应该适度，不能大量建设，这不仅仅是住房市场健康发展的要求，也是对政府财力的维持，更是对社会和谐的保障。

按照上面提出的诸多办法，我认为政策性保障住房中，公共租屋、廉租屋、经济适用房和限价房四大类住房的比例应该逐步降低。夹心层住房需求是一个客观存在而又难解之题，需要更多地解放思想，其中有广大夹心层的，也有政府的！

“夹心层”变为“佳心层”

From “Sandwiched Population” to “Pleased Population”

国家住宅与居住环境工程技术研究中心 刘燕辉

最近，中国住房“夹心层”问题之所以引发社会关注，我认为是住房问题不断改善的体现，是社会进步的标志。从一个方面印证了中国的住房问题不再是“一团麻”，而是在一定程度上找到了解决问题的途径和方法。无论是“经济适用房”还是“廉租房”政策的出台，都是以一种积极的态度推动了中国住房问题向良性发展。

其实伴随任何一种政策和规定的出台都会产生“夹心层”。诸如：“评职称、考大学、选先进……”凡是不能照顾到100%的事情必然就有“夹心层”，更何况住房呢？对于社会保障性住房的范围如何划定，应该结合当地情况，以促进当地社会进步为准则，体现社会分配公平的再调整。单就低收入、中低收入和高收入以及低限居住标准而言，各地情况不尽相同，各家庭的情况也在变化，如果我们的政策能够始终如一地贯彻执行，与其说住房夹心层面临尴尬的处境，不如说住房夹心层充满了希望。

中国的住房制度不可能再恢复到“福利房”的时代。“经济适用房”、“廉租房”、“限价房”也都是商品房的范畴，只不过是以更公平合理的办法回馈于社会。应该看到，保障性住房政策的出台，就像阳光普照了“中低收入群体”，与此同时，也就产生了相应的阴影，这个阴影的范围也正是所谓的“夹心层”。值得讨论的是，各地在制定政策的时候是否达到了“公平”。住房和汽车都具商品属性，购车没有出现“夹心层”的问题，也就更说明住房除了商品属性外还具有社会属性。

“夹心层”是社会中最具活力的群体，是社会进步的动力，是保证社会持续稳定的重要组成部分。处于政策“阴影区”的夹心层确实成为了一定时段的社会问题。当社会保障性住房政策真正得到落实的时候，当社会公平更加透明的时候，其问题会得到缓解和转化。

如何使“夹心层”变成“佳心层”，建立良好的居住观和居住消费引导十分重要。目前，我国住房自有率偏高，其导向加剧了“夹心层”的忧虑。在社会平衡发展的前提下，“居者居其屋”比“居者有其屋”更为现实。应该相信，随着社会的进步，“夹心层”一定会成为社会公平的受益者。

"夹心层"住房问题是个伪问题

Housing of "Sandwiched Population" - a false proposition

深圳市规划局 贺承军

《住区》邀约我写篇关于"夹心层"住房问题的文章，我拖了很久，因为我的判断是：在小产权房没给出路前、在房价没有大幅降下来之前，一切关于居住的分项讨论，都有点故弄玄虚。

如果有人书生意气地以为：富裕人士所需商品房有开发商负责，政府公务员有经济适用房，低收入阶层有保障房和廉租屋，再恰如其分地补上一个夹心层住房问题的解决方案，中国居住问题就全部有着落了，普天同庆、盛世太平了，那可是太理想化了。而以开发商为病先锋的利益集团，正是下了这么一个套，让老百姓在这个套里带着梦想去排队，在这个排队过程中，大量资源，将被利益集团瓜分完毕。

且听我的分析。

从逻辑上说，富人、公务员、低收入者（或贫困阶层），三层之间夹了两层心，"夹心层"是指夹在哪一层的？倘武断地以为"夹心层"是介于公务员和低收入者之间，那公务员也不干了，在公务员和富人之间，夹的不是一层，是一座山、一片海，把公务员和富人划在一个层内，社会学上靠不住，经济上亦没依据。

问题不止出在社会学和经济学层面上。"夹心层"通常指哪些人？大学刚毕业的公司白领、学校年轻教师，总之是事业有望但未成、工资较高但买不起房、社会亟需但政府不负担的那部分年轻人。这部分人可能是业务上的骨干但不是企业领导，是学校的主力教师但还未成为名牌教授，是社会鼓励的好青年但政府税收不会直接负担的，但他们年轻、有欲望、能表达、能上网呼吁，他们的父母也为之摇旗呐喊，所以"夹心层"问题就这么给喊出来了。

先不去捋开发商那根须，我倒问一问，夹心层倘因年轻而买不起房，为何不去廉租房里租住呢？答曰：没有合适的廉租房。环境要好一点，人员不要那么复杂，治安要有保障，恋爱交友要有空间。瞧，要求还挺高。当然，要满足这些条件也不是那么难，但依我看，"夹心层"倘在以上条件下想当然地推出：政府一定要提供足够多、足够好的廉租房，就差点觉悟：为什么不要求政府让小产权房合法化，让社会各种力量合法地推出适合廉租的房子？

农民的小产权房合法化之后可以提供"夹心层"所需的合适档次的或廉租、或廉购的房子，问题不就解决了？再进一步，我就要直指开发商所刻意定义的商品房——为什么商品房就不能廉租？就不能贱卖？

在市场经济条件下，有什么商品不能贱卖？什么土地的稀有性、房地产的特殊性，种种特殊之辞，都是为了保护特殊利益。关于房地产市场该如何整改，我已经说得够多了，在此不赘述。我这里要强调一下的是：利益集团从整个房地产市场牟取的暴利，在公众压力下转向开发商管商品房开发（包括它的豪华、它的附加值宣传，它的"圈地——上市"怪圈），而让政府管大部分的经济适用房、保障房、廉租房，这是一个战略性圈套。因为大部分人的居住，中国政府是根本负担不起的，我们不是新加坡。那么，大部分人因耐不住漫长的排队等待，而仍然会翘首商品房。在这种情况下，开发商会做出一点姿态：来呀，你们来买呀，我会给你们打折的。这样，这漫漫长队中的"优质人"（也就是优质资产）必定会离队而转投开发商门下，包括所谓"夹心层"就是这样一群优质资产。这不，优质资产们不就跳出排队队列来叫唤了？果然，目前开发商们只打折不叫降价！还有许多的说客，正在解释关于"打折不是降价"的堂皇理论。

"夹心层"居住的问题之伪，也就完成了证明。

Christian Dior
SALE
Dior
FIRST
UNION
NEXTSALON

主题报道

Theme Report

开放住区

Open Community

- 杨　靖 马　进：开放式住区的道路交通规划设计
  Yang Jing and Ma Jin:Road system plan of open community
- 师　俐：艺术街区——社区生活的创新之路
  ——西安紫薇·尚层规划设计研究
  Shi Li:Artistic community as a creative path to community life
  The plan and design of Ziwei Shangceng in Xi’an

开放式住区的道路交通规划设计

Road system plan of open community

杨 靖 马 进 *Yang Jing and Ma Jin*

[摘要]开放式住区建设的首要基础是建设与城市道路衔接的路网系统，它不仅仅是解决住区内部交通出入的问题，更为重要的是在住区中适当地规划城市道路顺应城市发展规律，使住区发展与城市发展有机联系在一起。本文就开放式住区的道路交通规划进行探讨。

[关键词]开放式住区、道路交通规划

Abstract: *The prerequisite of open communtiy is the connection of its road system with the urban road system. It is not only a question of access for the residents of the community, but, more importantly, also a question of introducing urban roads into the community, thus, integrating community development with urban development in a wider scale.*

Keywords: *open community, road system plan*

住区是城市整体功能和空间构成的有机组成部分，而不是独立于城市空间、城市交通的"城中城"。住区的生活和空间与城市进行一体化的交流互动，直接的表现就是适宜的路网密度、通达的公共交通、能够共享的配套设施、开放友好的街道界面、生机勃勃的交往气氛和有机整合的城市生活。我们提倡在住区规划设计中关注住区与城市的良好关系，并将这种设计观念称之为"与城市互动的住区规划设计观"[1]，即"开放式住区"。

住区的道路交通规划是住区规划设计的关键问题。由于目前大型封闭式住区的建设，在道路交通方面暴露了诸多问题。(1)住区道路系统破坏了城市的路网肌理；(2)住区交通空间的封闭，造成城市路网稀疏，干道交通负荷过大；(3)住区交通封闭管理，造成住区出入口交通拥挤；(4)住区封闭规模过大，公共交通与住区结合不当，给住户出行带来不便；(5)住区道路自我封闭，对周围市民的行走造成不便。

一、"居住环境区"理论与住区道路设置

1."居住环境区"的提出及其规模的影响因素

1963年英国发表的巴查南(Buchnan)报告[2](名为"城市交通")中提出了"分散道路网"和"居住环境区"的概念，目的是保证居住区环境的交通安宁。报告中以细胞和循环系统来比喻：市区由细胞组成，而道路网是使生命的基本物质进行循环的系统，就像人体的血液循环系统，必须依靠功能合理的道路网，才能维持细胞的正常活动。这一理论是非常正确与有意义的。报告中"居住环境区"被定义为"没有外来的(无关的)交通"区域，就像无需提防汽车的城市的"房间"，显然被视为一个封闭的单元，但是报告中对其规模大小却没有涉及。笔者认为这里的"居住环境区"不应该被理解为"住区"。因为现在我国

1. 南京东郊小镇住区的“居住环境区”
图片来源：笔者自摄

住区的规模日渐扩大，经常达到几十公顷甚至近百公顷。如果其路网规划仅仅从居住环境安宁的角度出发，而不科学地计算车辆的多少、道路的负荷，不论多大规模的住区都被视为一个封闭的，不允许外来车辆通行的“居住环境区”，此做法是极其不合理的。这样不仅会因为“居住环境区”的规模过大导致住区出入口的交通拥挤和内部交通流线过长等问题，而且原本住区中可能需要存在的承载城市支路功能的道路被取消，会使城市肌理遭到破坏，城市道路密度不足，造成城市交通拥挤。

解决大型住区对城市交通网络的破坏问题，根本的做法应该是在城市道路路网规划中制定合理的路网密度，布置恰当的道路层次。住区规划应当对有关城市道路规划的不足有所察觉，积极地加以改进，否则将影响到住区的运行。对于规模比较大的住区而言，城市道路路网规划的不足可以在住区规划中予以修正，即将部分住区道路对城市开放，作为对密度不足的城市道路系统的补充。部分住区道路也由此转化为城市道路，辅助完成城市道路的交通功能。此外，住区还可以通过合理设置和组织出入口、引入公共交通线路等方法，将住区内部交通与城市交通进行很好的衔接和沟通。可见如何使住区的道路交通规划能科学地融入城市肌理中，同时又能满足“交通安宁”[3]的要求，探寻合理的“居住环境区”的规模是关键所在。这里需要指出的是：这样的“居住环境区”仅是从交通角度得到的规模，并未涉及有关利用邻里相识的最佳尺度问题。

影响合理“居住环境区”规模的因素又可以从以下几方面考虑：(1)城市支路的密度间距。住区项目所在区域合理的城市支路密度，是影响“居住环境区”规模的一个因素。“居住环境区”的规模被限定在该地区合理的支路间距内，它们才能被城市支路路网有机地组织起来。(2)住区入口的疏散通畅程度。出入口的通畅程度是决定“居住环境区”规模的重要因素之一。通过计算“居住环境区”出入口的交通量，可以推算出“居住环境区”的规模。(3)居民出行的合理步行距离。“居住环境区”是一个安静的、较为封闭的居住范围，商业和其他配套设施都基本布置在这个区域的周边。住区内任意一点的居民到达“居住环境区”边缘舒适的步行距离应该成为“居住环境区”大小的制定依据之一。综上所述，按城市支路的路网密度为250m，参考目前智能IC卡管理（辅以少量外来现金交费车辆）的出入口车辆通行能力为：250辆/小时，同时考虑到500m是日常生活中人行比较舒适的距离[4]，那么在容积率为1.5，平均住宅建筑面积为80～100m^2/套的中档住区（全天早高峰系数取0.6）中，“居住环境区”的大小基本范围为6～10hm^2。“居住环境区”不是一个固定值，不同的住区根据其不同的容积率、居住密度以及居民拥有机动车的比例等因素不同而有所变化。图1即为笔者按“居住环境区”模式设计的南京东郊小镇住区“居住环境区”中的景象。

2.将“居住环境区”之间的道路设计为城市支路

按照城市道路规划建议值的标准计算，城市道路网络中主干道、次干道与支路的比例为1:1.2:3，而现在国内城市道路面积的比例中，支路的面积所占比例要远远小于这个数值。支路网密度低于合理的指标，堵车便是必然的，“再宽的主干道，再多的快速路和立交桥，也解决不了交通堵塞问题”[5]。可见在大型居住区、工业区等功能用地中，开辟城市支路是提高城市路网密度的一种重要方式。

“居住环境区”可以根据周边的状况和住区的管理模式，采取封闭式管理，以管制外来车辆穿行。因为这样不会影响到周边城市的合理路网肌理，并且有助于居住环境安宁的需要。将分隔“居住环境区”之间的道路设计为城市支路，不仅有利于“居住环境区”的交通疏散，给它们提供一个比较好的外部交通疏散环境，而且有利于住区城市氛围的营造，使其更具有城市感，进而拥有城市带来的方便与生活体验，感受到城市的文明。同时，这样建立合理的城市路网密度对于城市整体的交通疏散是不无裨益的。

在2003年万科开发设计的武汉城市花园项目中就进行了这样的实践。城市花园位于武汉市中心城区东南侧，从地块车行至武汉市内环线距离约为12km。该地块位于典型的城乡结合部，总用地面积102.12hm^2，规划人口接近3万人，属于大型社区。在这块地所在区域的详细规划中，有两条城市支路穿过。开发商(万科)在这次规划中认识到了住区道路规划与城市的关系，不但没有像其他房地产商那样极力取消基地中的城市支路网，反而通过认真的规划分析后，适当地又加密了该地块的城市支路密度(图2～3)，将其控制在250～300m，联系着“居住环境区”。考虑到居民对居住环境交通安宁的要求，以及目前住区开发周边状况的成熟程度不高，所以“居住环境区”多采用封闭式管理。在“居住环境区”与城市支路驳接的口部则采用道闸管理[6]，随着住区周边的发展，可以根据具体情况，取消道闸的车辆管理，以增加住区的开放度及与城市的融合度。

住区中“居住环境区”之间原本属于住区内部的道路，“贡献”出来承担城市支路的作用，不仅利于城市交通的组织，而且对住区内部整体的交通组织也是很有好处的。因为住区不是城市中的一个个孤岛，所以，评价住区交通状况的好坏脱离不了周边区域对它的影响。住区只有融入在一个合理有机的城市路网中，才能良性运营，才能给居民提供舒适方便的生活环境。但这里需要强调的是，因为住区中的城市支路所服务的大片区是以居住功能为核心的，所以这些道路需要有一定的技术手段，使其能够承担其城市支路作用的同时，可以保证居民出行的交通安全，并且给住区带来城市的文明与繁华。

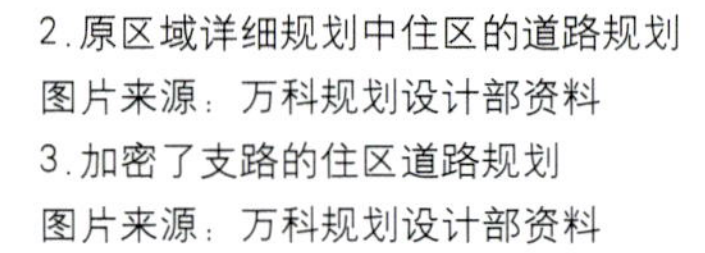
2.原区域详细规划中住区的道路规划
图片来源：万科规划设计部资料
3.加密了支路的住区道路规划
图片来源：万科规划设计部资料

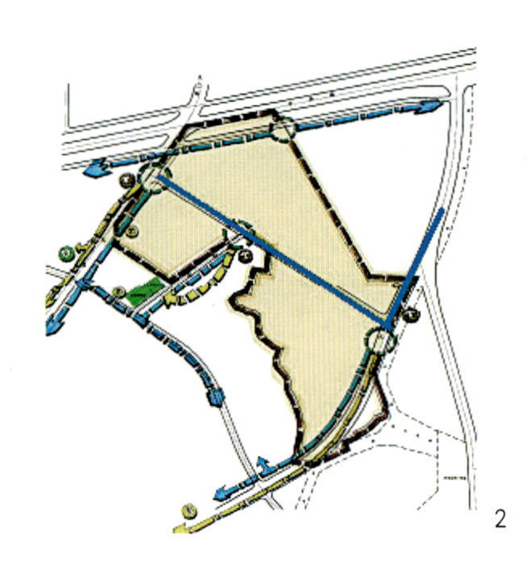
2

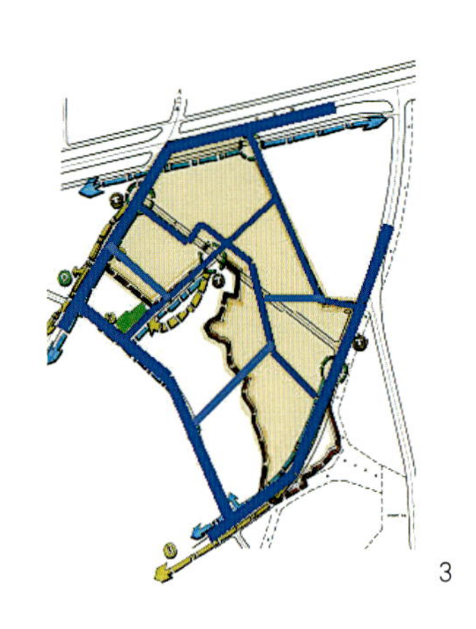
3

二、建立街道生活(城市氛围的重要承载体)

1.“生活次街”的提出

“居住环境区”概念的提出，使得住区的道路建设能够有机地融入城市路网中。连接“居住环境区”的道路即城市支路，它不仅肩负着住区内部居民的交通疏散作用，也是城市路网的补充，增强了城市交通疏散的能力与效率。文中提出的“生活次街”也是一种城市支路的属性，有所区别的是它不仅具有交通的物质功能，而且交通量适中、街道尺度宜人，居民可以在此停留、交谈，丰富的商业设施使这里具有了城市的气氛。“生活次街”更加强调城市支路具有“适宜居住性”[7]，其两侧分布的住区商业和公共设施吸引着居民以此为平台进行交往活动。“生活次街”的复合功能[8]使其成为充满活力的街道空间。

(1)“生活次街”不仅起着承载交通的作用，同时是居民日常生活起居的重要场所

目前，我们进行住区道路规划设计时，往往仅强调住区道路的交通作用，而忽视了住区道路其实应该作为居民日常生活起居的重要场所之一。简·雅各布斯(Jane Jacobs)在1961年撰写的《美国大城市的生与死》中抱怨工业化的进程使城市功能越来越细化，街道成为仅用于通行的城市用地，令曾经富有生气的城市变得死气沉沉。

街道在传统城市生活中一直占有相当重要的地位。传统城镇大多起源于街巷，从就地摆摊、敞棚交换到固定为

沿街商店——街道生活一直作为传统城市的主角。城市街道不仅仅是连接两地的通道，在很大程度上更是人们公共生活的舞台，是城市人文精神要素的综合反映，是一个城市历史文化延续变迁的载体和见证，更是一种重要的文化资源，是构成区域文化表象背后的灵魂要素。"寻常街道上的平凡日子里，游人在人行道上徜徉；孩子们在门前嬉戏；石凳和台阶上有人小憩，迎面相遇的路人在打招呼……"扬·盖尔在《交往与空间》开卷的第一段里，描述了这样的街道景象。笔者将这类街道称为"生活次街"。"生活次街"区别于城市干道，实质上是城市半公共空间。"生活次街"上可以有店铺、茶馆、咖啡馆，也可以有空地和绿地，主要为居民提供生活服务设施。然而它的使用对象却区别于城市商业服务街道上的城市级店铺、茶馆、咖啡馆，其顾客基本是邻近街坊内的居民。正是这种街道，属于一种区别于城市主街的城市生活次街，构筑了丰富、深厚的居住文化的物质空间环境，确立了传统城市和睦、融洽的邻里关系和适宜人居住的住区人文环境。

(2)"生活次街"是城市活力的载体

虽然在现代城市中，交通是道路的主要功能，但是街道对于城市生活的重要性不言而喻。住区道路作为居住空间环境的重要组成部分，更担当着传统街道生活舞台的功能。一个由城市路网划分形成的恰当的住宅用地规模和层次完善的城市街道系统对住区邻里环境和城市人文环境的形成无疑是十分有利的。然而，我国近年来开发的住宅区对物质空间层次结构的处理基本是以住区规模为单元的，住区之间以围墙互相分隔，形成冷清的街道，街道界面除了大门就是围墙，行人和车辆都是匆匆而过，没有儿童的嘻笑声，缺少商业店铺招牌花花绿绿的点缀。这些缺失导致了传统的以街巷空间为载体的居住人文环境的丧失。并且由于许多住区规模较大，住区间的分割道路的路网间距达到400m以上，甚至近千米，担负了很大的交通负荷。这些道路在结构、线型、尺度、种植等方面，都体现出强烈的交通性质，即使沿街设置了各种服务设施和空地，也很难起到"生活次街"的作用。街道毫无活力可言，也感觉不到城市的气息。

通常概念上住区内的"小区级道路"也不具备"生活次街"的功能，其原因有如下几点：首先，封闭的住区中，相对独立的"小区级道路"不能成为城市街道空间系统的补充，它封闭型的规划设计和管理使"小区级道路"的功用简化，服务对象单一；其次，"小区级道路"缺乏各种以交往为主的人文活动空间场所以及相应的设施，它更多要考虑对小区交通的满足，步行道路也主要作为休闲游憩性空间；第三，由于采用封闭式的规划与管理，局部型的住区内部商业存在着难以吸引区外客源的问题，缺乏广泛的"群众基础"。

4. 西安思路花城住区中的"生活次街"
图片来源：笔者绘制

本文提出的建立"生活次街"，就是要强调重视道路的非物质功能方面的作用，不仅为居民的休憩活动、邻里交往等公共生活提供空间承载，建立与发展友善的邻里关系，重新塑造具有传统城市街道活力的街道生活。同时，"生活次街"沿街商业的设置，丰富了城市的商业网点，成为城市繁华的载体。最后要强调的是，"生活次街"不是一片商业广场、步行商业街，或是景观轴，如果脱离了与城市交通的关系(即其没有承担城市支路的作用)，它也不能称为"生活次街"。以下图片是笔者设计的西安思路花城住区中"生活次街"的场景(图4)。

2. "生活次街"的塑造手段

(1)以公共设施(包括商业设施)营造"生活次街"的空间

公共设施对邻里交往活动的促进，最重要的一点体现在公共设施的规划布局上。合理的布局能够引导居民自然流畅地进入公共空间，并在公共空间聚集交流，形成有活力的街道生活和住区公共生活。如果把道路比作人的躯干，那么公共设施的设置为它注入了流动的血液，使街道有了生命。在笔者设计的西安思路花城项目中，根据公共活动集中而不是分散的原则，通向商业设施、银行、会所等公共设施的出入口空间自然地嵌合在"生活次街"的主干空间上，公建的主立面也归属于朝向公共区域整体街道立面，引导社区成员方便地使用公共设施，并使公共设施

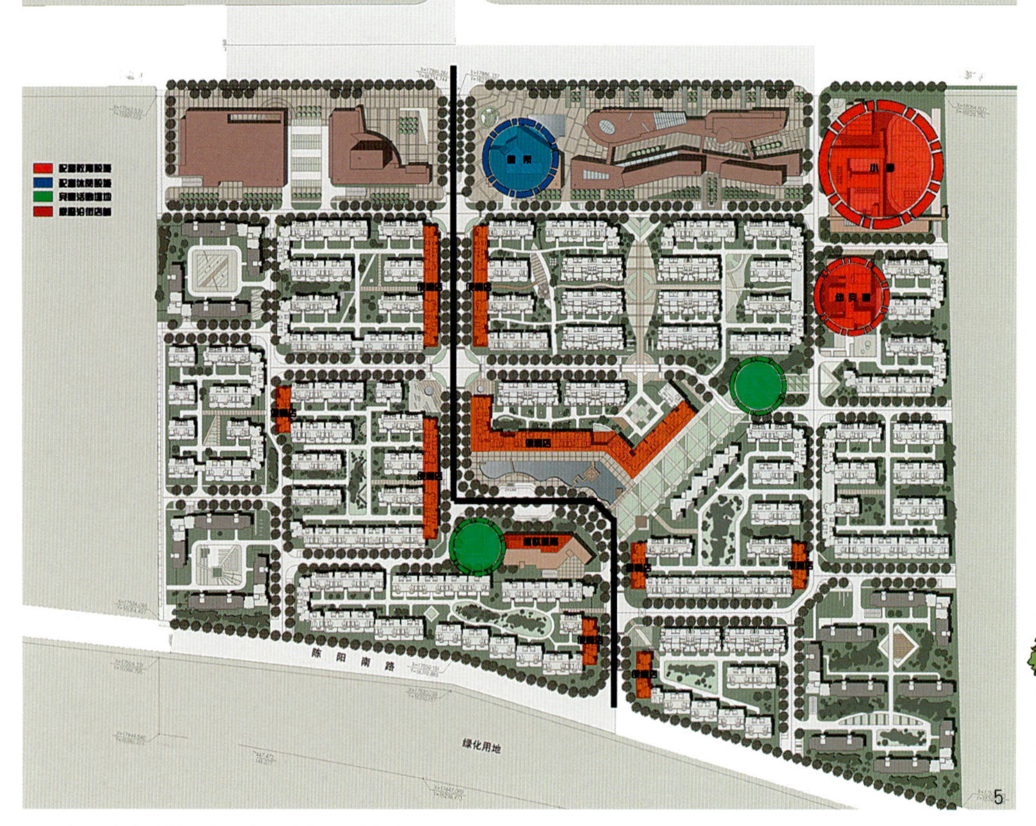
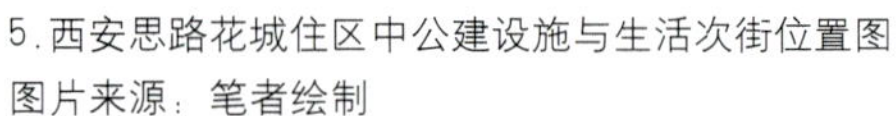
5. 西安思路花城住区中公建设施与生活次街位置图
图片来源：笔者绘制

6. 西安思路花城住区的公建设施
图片来源：笔者绘制

的室内空间与街道空间共同构建公共空间中的住区活力，丰富的街道生活也成为城市活力的空间载体(图5～6)。

武汉城市花园的公共设施也都沿街布置在一条穿过住区的城市支路——“生活次街”上(也称为“都市核心路”，万科把住区中最主要的一条“生活次街”称为“都市核心路”)。这条“生活次街”由北向南串联了住区的各个主要的公共设施：入口广场、沿街商业、“城市博物馆”(作售楼部用)、中心商业街和单身公寓、会所……一方面，各种公共生活设施以丰富的形象和外部空间点缀着“都市核心路”，聚集了大量的人流，使街道充满活力；另一方面，“都市核心路”作为一条开放的城市支路，保证了这些公共设施有足够的客源(图7)。

公共设施的设置能够激发街道的活力，在合理布局的公共设施系统中，建立公共设施与外部街道空间的视线——空间联系，以及公共设施之间的视线——空间联系是创造交流的重要手段。于是在许多情况下，无论是有意还是无意地将人和街道活动隔离开来的做法都是值得商榷的。

(2)以景观资源丰富“生活次街”的氛围

住区中的“生活次街”既是居民最主要的住区内交通动线，也是他们最主要的室外公共活动空间之一，所以，在规划中应当将住区重要的景观资源也串联在“生活次街”上。住区景观资源与“生活次街”的人文资源相结合，共同构成住区中一条精彩纷呈的“风景线”。与城市街道和自然风景、活动场地相贯通的住区公共空间系统，空间序列富有变化，成为居民体验街道广场生活、感受自然生态环境和聚集交流的重要场所。

“生活次街”上的景观资源分为4类：1.将街道作为线形景观空间进行设计；2.大型的公共广场，包括住区的主入口广场、中心广场等；3.作为街道串联的空间节点的小型空间，包括街角小广场、健身设施场地、商业街的节点广场等；4.住区的绿化景观，包括中心绿地、住区中的湖泊、河道等自然资源。

“生活次街”的道路绿化和人行道的景观设计对于提高住区室外生活的品质十分有效。“生活次街”的道路绿化采用林荫道、花池的形式改善了街道的环境，而且可以利用绿岛等设施减缓车速，利用绿化带分隔车道和人行道，在街道的交汇处创造街心花园(图8)。人行道往往通过铺地变化、花坛和座椅等户外小品的安排，获得亲切的场所感，提供居民进行户外休息、交流的设施及场所(图9～10)。道路在沿街店铺前还应加宽，设置停车位，不但方便车行者定车购物，而且促进车行者与行人的交流。经过精心设计的“生活次街”的道路景观与绿化可以成为住区中主要的绿化景观带，成为住区公共绿地的有效补充。另外，一些住区用地中存在着一些水面、河道等自然资源，应当将它们向“生活次街”展现，使城市自然景观的信息可以在作为城市道路的“生活次街”上得以解读，而不是作为住区的资源被专有。

(3)以建筑变化塑造“生活次街”的界面

街道两旁的建筑是塑造“生活次街”的重要元素之一。为了活跃街道氛围，丰富街道空间，应注重对街道两侧建筑沿街界面的设计。

首先，虽然街道的宽度是根据住区的密度不同而制定的，但是街道空间的高宽比例可以通过两边建筑的设计进行调节。最佳的街道空间比例为1:1，最大不超过1:6[9]。沿街的住宅一般多为5～6层，高度为15～18m，对于20m左右的街道比较合适；如果住宅为高层，则可以在住宅前设置1～2层的裙房，改善住宅沿街的尺度；或者在街道间种植树木也可以改变人们对道路的尺度感受。

其次，街道两边的建筑应当有助于塑造城市空间，以一定的围合将街道的空间轮廓清晰地勾勒出来。特别是在街角、轴线尽端等处，应当矗立标志物，强调导向性。清晰明了的街道空间可以保证我们了解城市内部各区域的位置，防止走失、迷路，使我们感觉到身处一个可以由人们有效控制的环境之内。

第三，为增加"生活次街"的人气，街道两边的建筑出入口应尽量面向街道。我国住区的管理方式与国外不同，多采用组团院落空间，所以建立院落与街道的沟通成为了住区的一个特点。若出于管理的考虑，住宅的出入口不便直接面向街道，则可以将院落的入口面向街道。如果沿街的住宅没有形成一道道"壁垒"，而是通过设置通透式过街楼或者底层前后通透式停车空间，将住宅院落中的景色与居民活动的景象引导至街道之中，则可以增加街道景观的趣味性，亦使行人的视线在此得到延伸(图11～12)。

第四，在沿街建筑的沿街面可以设计部分过渡空间，增强建筑与街道生活的沟通。如设计门廊、凉棚、露台等建筑构件，沿街商铺的门廊、凉棚可以容纳行人活动，住宅或公共建筑的露台可以营造街道上"人看人"的交流气氛。同时，丰富的山墙面有助于形成良好的街道景观。

(4)"生活次街"的人车关系以及道路设计技术要求

笔者提倡的在住区中出现的城市支路，是一种生活性的城市支路。它们是以交通安全为前提的，人车共存的一种交通模式。"人车共存道路系统"的关键是在同一平面、同一条道路流线中，通过合理的断面设计，使车辆和行人在和谐共融的条件下"各行其道"，至于其形式则是因地制宜、灵活多变的。

"人车共存道路系统"有如下优点：(1)人车共存，但各行其道。这样可以增加道路的城市氛围。在承载交通功能的前提下，以街道生活为主题的人车共存道路增强了道路空间的街道生活感，通过道路与沿途各种类型、大小活动场地的串连，使原本呈线状的街道空间变成由点、线、面相串连的形态丰富的活动场地系统，成为承载住区多种类型公共活动的舞台。(2)改善了使用私家车的住户回家路径上的心情，他们回家不再仅仅是在住区外围绕行，只经过乏味简陋的机动车道，再由停车场绕回家，而是可以穿行于丰富多彩的街道景观之间。可以暂时停驻在路边的沿街停车带上，与邻居交谈或购买生活用品。(3)纯粹的车行道，会使驾驶员麻痹大意，加快车速，给偶然经过车行道的行人带来危险。若在道路设计上进行人车共存考虑，而进行相应改良的探索，则可以使小区内道路上的车速减缓，行人安全更有保障。

道路上的装置包括了减速装置、人行道(过街)装置、交叉口装

7.武汉城市花园"都市核心路"
图片来源：笔者自摄
8."生活次街"的街心花园
图片来源：Peter Katz, The New Urbanism—Toward an Architecture of Community, The McGraw—Hill Companies, Inc, 1994
9."生活次街"平面示意图
图片来源：Peter Katz, The New Urbanism—Toward an Architecture of Community, The McGraw—Hill Companies, Inc, 1994
10."生活次街"串联的街头小广场
图片来源：Peter Katz, The New Urbanism—Toward an Architecture of Community, The McGraw—Hill Companies, Inc, 1994
11.院落景观向街道渗透
图片来源：万科规划设计部资料
12.过街楼增强了住宅院落与街道的联系
图片来源：万科规划设计部资料

7

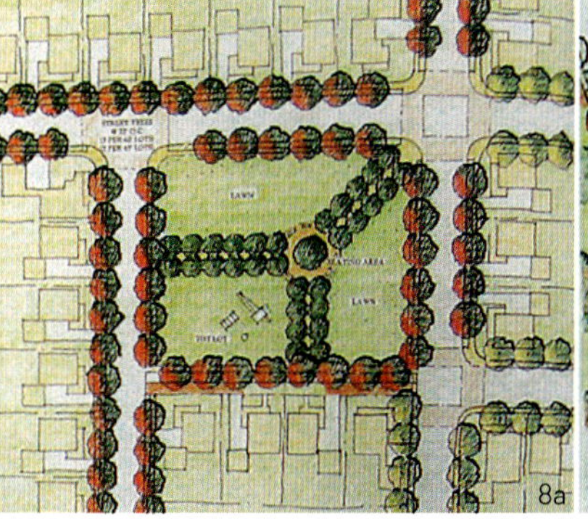
8a

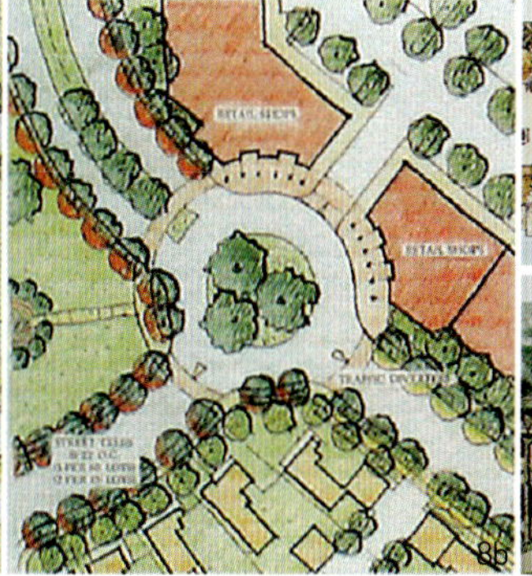
8b

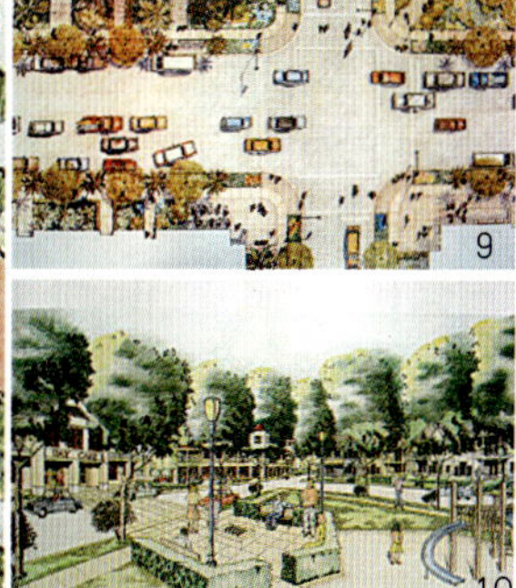
9

10

11

12

13.减速装置
图片来源：万科规划设计部资料(13a)
图片来源：笔者自摄(13b)
14.过街装置
图片来源：笔者自摄
15.交叉口装置
图片来源：Peter Katz，The New Urbanism—Toward an Architecture of Community，The McGraw—Hill Companies，Inc，1994
16.美国住区中的分流装置
图片来源：笔者自摄

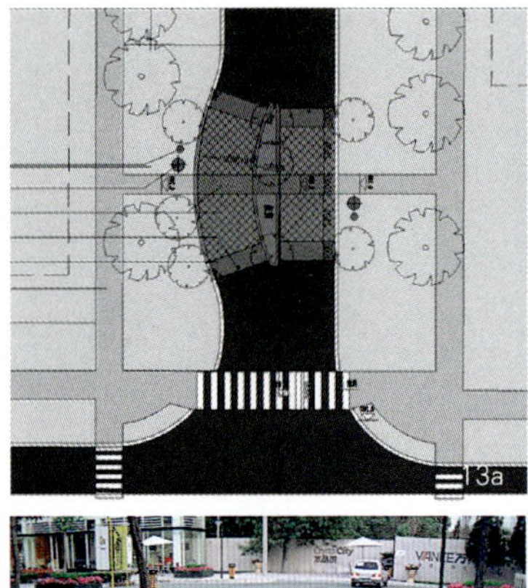
13a

14a 14b

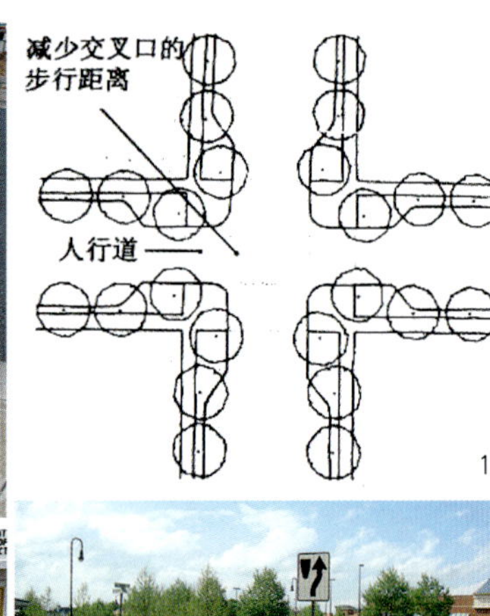

15

13b

16

置、分流装置。

a.减速装置：主要用于交叉口、出入口或者直线型路段比较长的道路上。它的作用一是防止拐弯和进入住区的车辆车速过快，二是防止车辆在直线型道路上加速而车速过快[10]。典型的减速装置(图13)，在车道上设一处拱坡小弯道，弯道两端设两条卵石带，汽车经过时速度会减缓。

b.人行道(过街)装置：是一条过街的斑马线，人行道比车道标高要高10～15cm，人行道进入车道应设斜坡以确保"无障碍"。一般在人行道一段设高杆灯提供照明，并设一个垃圾桶(图14)。

c.交叉口装置：在交叉口处向车道方向加宽人行道的宽度(图15)，以起到如下作用：1.减少交叉口过街的步行距离；2.变窄车行道，强迫机动车在交叉口处减速(这种方式也可以配合路边停车的设置)。

d.分流装置：确保交叉路口机动车流线分流更加有序(图16)。

"生活次街"有诸多优点，但我们也要意识到其最显著的缺点就是增多了交通噪声。从某个角度讲，这样增加了沿街的住宅销售难度。与城市互动的住区，由于将原来完全的内部道路改为城市支路，临城市道路的住宅比例增大，其受交通噪声的影响范围和程度均高于封闭型住区，而且沿"生活次街"店铺的经营噪声也往往会引起投诉。所以，在设计中要注意设法减少这些不利影响，方法包括：控制街道上的车速；对沿街店铺的灯光和音乐等进行限制；设置绿化、双层玻璃窗或其他建筑构件的隔声降噪设施；住宅平面上将次要房间、楼梯间等调节到沿街面上……总之，"生活次街"的理论在实践中还需要不断地修正和完善。即使如此，互动型住区的各种优势将在所在地段城市发展不断成熟后越发显现出来，以长远的角度来看，住区设计由封闭型向互动型发展是住区规划对城市问题认识的提高，是必然的结果。

三、与公共交通系统的结合

长期以来，国内各城市在扶持公共交通方面作出了很大的努力，如修建地铁、对公共交通实行财政补贴、提高公共交通服务质量、降低收费等，但实际效果并不乐观。在多数城市的居民出行结构中，公交比例偏低，无法与其他国家、地区的以公交出行为主导的城市相比。深圳大学陈燕萍教授认为，问题关键在于长期忽视了建立适合公交服务的城市土地利用模式[11]。

适合公交服务的居住区通常由一个或多个具有步行尺度的"居住环境区"构成，住区的中心位置附近应设置公交车站与公共服务中心的结合体，即"交通综合体"。这些"居住环境区"都依附在公共交通走廊上。

"居住环境区"规划模式的布局形态对公共交通服务具有高度的适应性，原因如下：1.城市路网密度越大，则公共交通利用率越高[12]。原因是随着路网密度增加，公共交通线路网密度会相应提高，乘客步行到公交站的距离因此缩短。"居住环境区"的形态划小了城市街区的规模，保证了城市道路的路网密度。"居住环境区"的规模在10hm^{2}以下，基本保证了最远点的住宅到公交车站的直线距离小于500m。因此"居住环境区"的设置有利于提高利用公交车站的人口数量，达到缩短居民到公交车站点距离的目的；2.在"居住环境区"之间的"生活次街"上利用车站、公共中心结合的方式对居民出行目标进行组合，将上班、购物、娱乐、就学等多种功能布置在同一路线上，居民一次出行可同时完成多种活动，通过提高使用公共交通出行的效率，来进一步强化使用公共交通的方便性。通过这样高效与方便的安排，即使拥有小汽车的人，也会在高峰时间选择使用公共交通。3.在"生活次街"上设置公交车站，将公共交通引入住区，并与住区的公共中心(会所、住区中心商业、中心绿地)相结合，提供了一种以公共交通为基础的，极为合理的城市活动组织模式。公共中心与公交车站结合，充分体现了两者的经济共生性。同时，“居住环境区”的典型布局以及密度分布形态既能提高物业的价值，又有利于公共交通的经营。各级公共中心均位于公共交通枢纽和节点，提高了整个城市的可达性水平和效率。由于“居住环境区”内部普遍采用以步行为主的交通系统，人的行为特征就成为环境规划的惟一依据和直接目的。有了安全的生活场所、宜人的尺度、适合交往的空间，自然有利于形成高品质的居住生活空间。同时，“居住环境区”与公共交通的结合模式还为低收入阶层提供了更为公平的出行机会。

需要指出的是，公交车站的服务半径在500m左右，而“生活次街”的间距在250～300m左右，所以不需要在每一条“生活次街”上都设置公交车站。公交站点的选择应该在住区的规划设计阶段就邀请公交公司提出意见，参与制定，这样可以将公交车站和线路更好地与住区的步行系统、公共设施和片区组织相结合。比如，在美国哥伦比亚新城的建设中，在总体规划时就将小区中心、新城中心及社区服务设施结合公交整体设计。为此，在初期规划时，开发商就请来了公共运输专业的人士共同讨论哥伦比亚新城的公交系统的可实施方案，逐个落实了相关的细节问题，如：公交路线、车队规模、行车时间、司机的培训等问题[13]。

总之，开放式住区的交通规划宗旨是使住区的内部生活与城市生活相融合，从而创造真正有活力的住区。那些借助舞台布景式的住区内部步行街设计而妄图达到营造住区生活氛围的做法不但肤浅，而且效果欠佳。只有真正地在交通方面贯彻开放的精神，才能使开放住区系统趋于完善。

注释

1. 杨靖、马进，建立与城市互动的住区规划设计观，城市规划，2007

2. E · 巴金逊，巴查南报告与交通运输政策，于利译，国外城市规划，1991(03)

3. “交通安宁”的主要目的是结合人们在工作、娱乐及居住行为中对街道的使用要求和偏好，创安全而富有吸引力的居住区街道环境，并减少机动交通对环境的消极影响，鼓励和支持步行、骑自行车及其他交通方式。如今的“交通安宁”在西方国家的道路交通领域中已上升为一种规划理念。它是指以给予道路使用者平等权利及改善道路生态环境为主要目标的道路交通设计。参见：[英]卡门 · 哈斯 · 克老，交通安宁：前联邦德国道路交通的新概念，陈祯耀译，国外城市规划，1993(01)

4. (1)扬 · 盖尔的《交往与空间》一书中指出，大多数人每次步行的活动半径通常为400～500m。参见：扬 · 盖尔，交往与空间，中国建筑工业出版社，2002，87；

(2)安德雷斯 · 杜安尼(Andres Duany)和伊丽莎白 · 普拉特(Elizabeth Plater－Zyberk)(简称DPZ夫妇)提出的“传统邻里开发”模式(Traditional Neighborhood Development，简称TND)提出的5分钟的邻里规模——中心到边界的距离为1/4英里(约400m)。陈劲松，新都市主义 · CONDO与小户型，机械工业出版社，2002，15；

(3)彼得 · 卡尔索普(Peter Calthorpe)提出的“交通导向开发”模式(Transit－Oriented Development，简称TOD)中提出——从交通站和商业组成的核心地区到社区边界600m步行距离。陈劲松，新都市主义 · CONDO与小户型，机械工业出版社，2002，17

5. 关注城市“毛细血管”—3：谁建、谁管、谁维护，燕赵都市报，2003.08.27

6. 道闸管理是一种对车辆进出管理的设施，这里提到的设置道闸主要是控制、管理“居住环境区”的外来车辆。

7. 秦敏，卜菁华，林涛，适宜居住的街道空间，华中建筑，2003(04)；Peter Bosselmann，Elizabeth Macdonald，Livable Street Revisited，Journal of American Planning Association，1999

8. 同一空间中功能的复合程度越高，行为的表现越丰富，空间越有活力。这也是城市老城区街道比新城更有趣味的原因。

9. Peter Katz，The New Urbanism－Toward an Architecture of Community，The McGraw－Hill Companies，Inc，1994，127

10. 澳洲学者Hidas,P.的研究结论是如何采用间歇减速装置将车速限制再20～25km/h，直线路段上两个减速装置之间的距离应在80～100m之间。参见：Hidas,P.，Speed Management in Local Street：A Continuous Physical Control Technique Road And Transport Research V 2 N 4，1993，18

11. 陈燕萍，适合公共交通服务的居住区布局形态，城市规划，2002(08)

12. 陈燕萍，适合公共交通服务的居住区布局形态，城市规划，2002(08)

13. 杨靖、司玲，哥伦比亚的新城之梦——兼评《创建一座新城——马里兰州，哥伦比亚新城》，规划师，2005(06)

作者单位：杨靖，东南大学建筑学院
马进，东南大学建筑设计研究院

艺术街区——社区生活的创新之路

——西安紫薇·尚层规划设计研究

Artistic community as a creative path to community life
The plan and design of Ziwei Shangceng in Xi'an

师 俐 *Shi Li*

[摘要]西安紫薇·尚层的规划设计从2007年3月份开始，到进入施工阶段，已经一年多了。本文通过对项目定位、设计过程、设计理念进行的详细剖析，介绍当前开放社区生活模式的发展方向，阐述街区生活与综合了建筑、艺术的跨界设计之间密不可分的关系。

[关键词]街区、复合、跨界设计

Abstract: *Xi'an Ziwei Noble-Mansion, which planning begin from March 2007, has entered the construction phases already. Through analyzing the orientation, process and ideas of the project, the paper introduces the developing trend of the contemporary Open community lives, also it expounds the inseparable relationship between blocks lives and cross-design combination of art and architecture.*

Keywords: *block, complex, cross-design*

引言

BLOCK街区是20世纪中期兴起的一种全新的社区规划理念。传统的称谓“街道”，实际上是“街”与“道”不分，而街区则有着更丰富的内涵。道(Road)，即路，主要强调它的交通和步行功能；街(Street)，主要强调它的商业功能。所谓街区(Block)，是B—Business(商业)、L—Liefallow(休闲)、O—Open(开放)、C—Crowd(人群)、K—Kind(亲和)的整合，体现居住和商业的集中融合。街区，既要提供居住空间，又要有丰富的商业和休闲配套；既要向城市开放，具有一定的规模，能够聚集一定数量的人口，又要有亲切和谐的邻里关系。所以，街区与其说是具备商业特征的商住区，不如说是应有尽有的生活城，它在人们的商居行为中融合了休闲、诗意、活力和友善。

街区式住宅在国外已发展成熟，如美国纽约的第五大道、法国巴黎的香榭丽舍大道、日本东京的新宿等国际知名街区，都为其所在城市画上了精彩的一笔。在中国发达地区，如香港、深圳、上海、北京等地的城市建设和房地产开发中，街区式住宅也逐渐成为比较成熟的社区生活模式发展方向。

这种新型的城市社区，既有开放的特性，又含有对功能、建筑、阶层等多种形态复合的要求。

1.空间开放：社区居民交往空间对外开放，与周边的环境互相交融，打破了传统封闭的居住理念，使住区中的居民与周边居民的生活联系紧密。

2.生活方式开放：居住空间与工作，商业，服务设施共生共存，各种生活方式互相补充，共同生长。

3.功能复合：整合多种资源，进行高水平的综合规

1.尚层鸟瞰效果图

划。社区功能不再是商与住的简单分化和拼凑，而是成为居住与工作、商务与娱乐的复合互动。

4.建筑复合：从商业行为学的角度出发，重新计算和估量商业资源内部之间的合理配置，将商业资源放到社区中心位置的高度，改变居住区单一用途的模式，让业主乐于此、爱于此。

5.阶层复合：提倡不同阶层、不同趣味之间的人群相互欣赏、相互学习。富裕阶层、白领阶层和工薪阶层将各得其所，安居乐业，阶层分立的关系将得到有效融解。

一、创新社区模式的产生背景

西安作为西部地区的龙头城市，在经营城市的战略理念指导下，房地产投资环境取得了较大的改善，历史街区的保护与周边新城区的发展相得益彰，提升了城市整体形象，充分扩大了房地产业在本省乃至国内的影响力和吸引力，表现出勃勃向上的态势。

西安紫薇·尚层项目是本土发展商的中流砥柱——西安紫薇地产开发有限公司从2006年开始精心打造的创新型城市社区，在规划设计过程中充分体现了现代开放社区理念与艺术空间相结合的先进理念，取得了最大程度的社会价值、经济价值回报，成为西安商住一体化城市综合体的典范。

先进的规划理念是与诸多社会、人文、地缘环境相结合的，是提升项目价值的必然选择，而不是生搬硬套的简单移植。具体而言表现在以下五个方面：

1.紫薇·尚层位于享誉世界的历史文化古城和具有战略意义的西安高新技术产业区之间的衔接地带。项目的区位特征决定了它不能作为简单的城市居住区来考虑，而应当针对科技创业客户群体，以一种具有时代特色的设计理念营造具有复合功能的多元社区。

2.项目用地呈南北宽、东西窄的不规则条形用地，与南北向约成45°斜角，可建设用地面积42612.80m^2，规划总建筑面积176086.17m^2。地块由两种不同用地性质的土地组成，西侧为综合用地，东侧为住宅用地，且两块用地具有不同的开发强度及规划条件。用地属性不同、高密度、高容积率、形状特殊，使项目难以用常规的规划布局解决，决定了项目多种产品创新复合的根本属性。

3.项目周边均为规模较大的城郊居住社区，如何通过规划与产品的创新提升项目的竞争力，增加项目的附加值，是规划设计的重点。符合城市总体规划对主干道沿线的办公商业功能要求与中小户型90/70的政策限制，创造一种办公和住宅相融合的中间产品，引入soho式商住办公新概念。

4.紫薇地产作为西北五省房地产开发的龙头企业，对

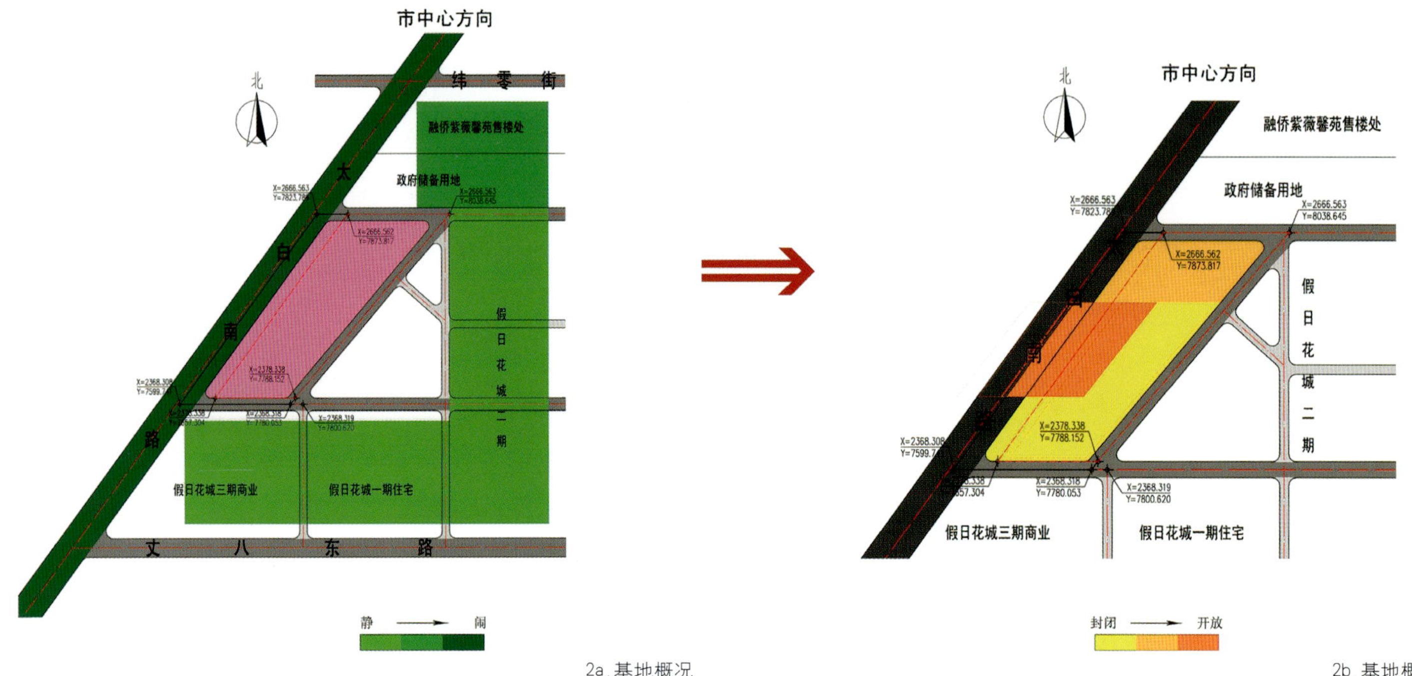

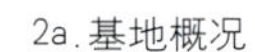
2a. 基地概况

2b. 基地概况

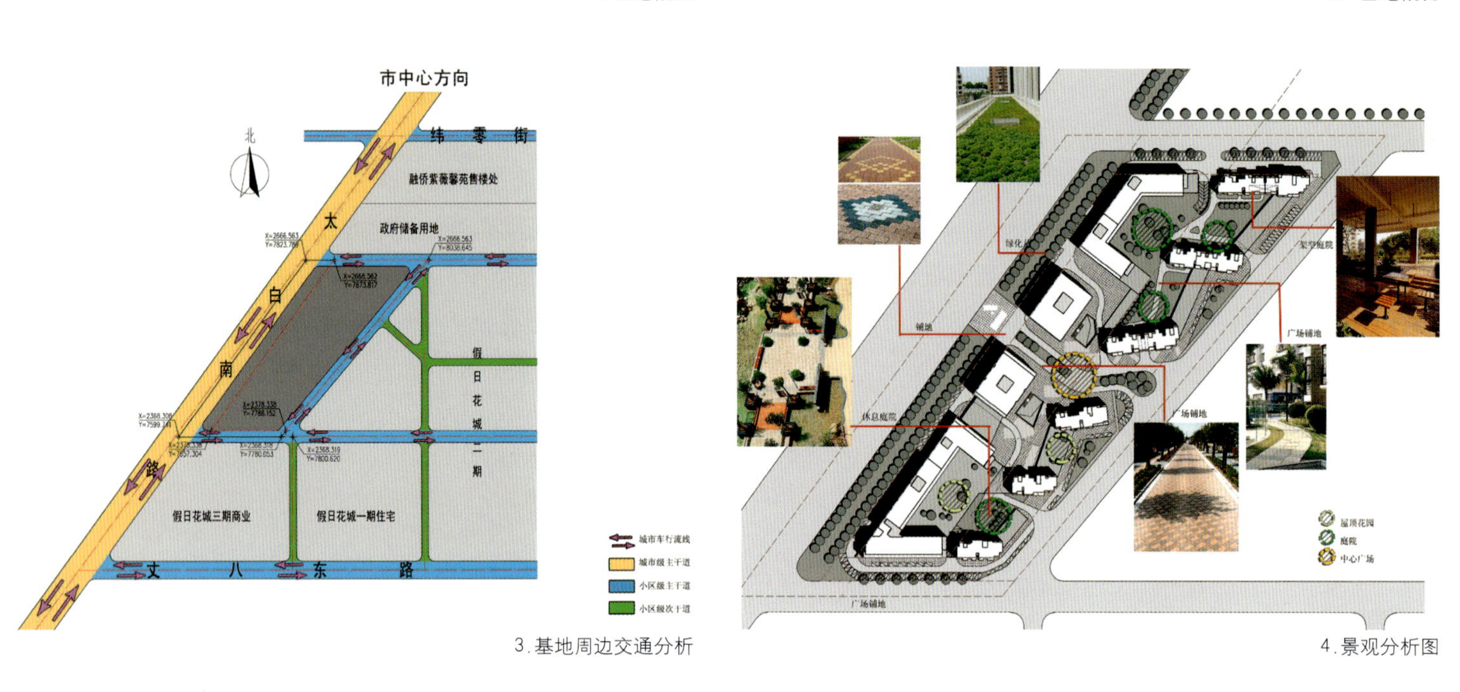

3. 基地周边交通分析

4. 景观分析图

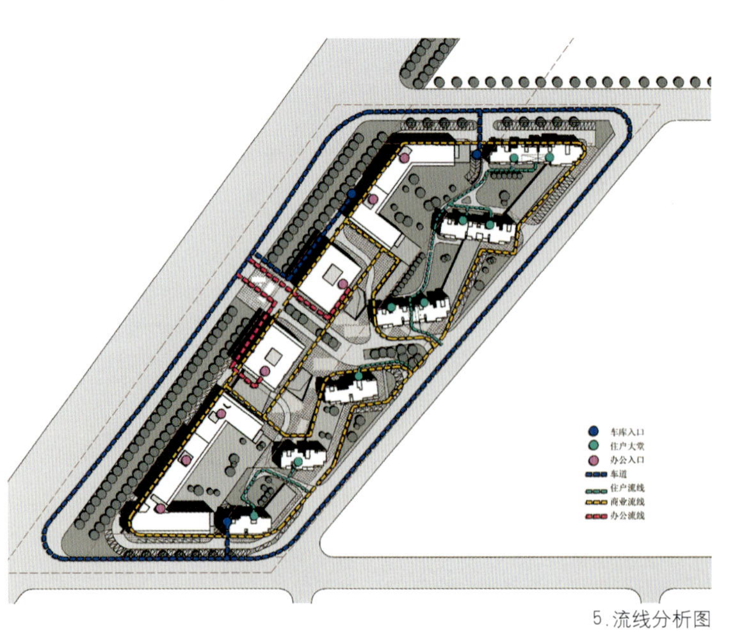

5. 流线分析图

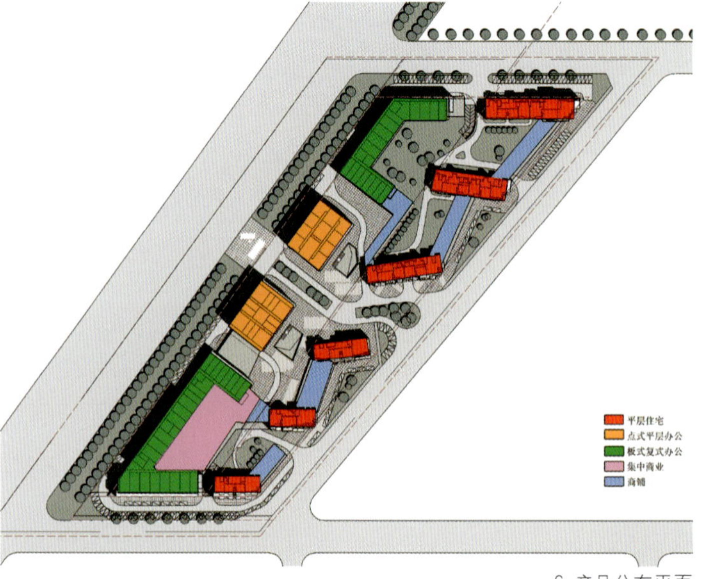

6. 产品分布平面

居住社区开发已经驾轻就熟，开放街区是其对自身开发理念的提升飞跃，也是以领先市场的差异化产品引领市场竞争力的进步。

5.复合开放社区的多元化产品具有不同的表现形式，用艺术化的设计手法——所谓“跨界”设计的理念，令各种产品形成整体的外部形象是实现社区地标性的主要途径。同时，复合型社区所面对的客户群具有与众不同的行为模式，个性化的社区形象能够取得他们最大程度的认可，形成独特的文化聚居群落。

上述项目背景促发了建筑师提出开放型社区的理念，这种社区具有以下普遍性特点：客户群的广泛性，以多种产品类型对应市场的多样化需求；功能的集成性，以多种商业模式与社区功能集中解决使用者高效、便利、集成化的生活需求；空间的开放性，摆脱传统社区封闭管理的模式，将社区功能与城市功能相融合，提高配套设施的利用效率与商业价值；产品的可塑性，产品具有弹性可变的个性化特征，给客户以发挥改造的空间；造型的标志性，以时尚前卫的建筑艺术手法体现社区的昭示性与视觉冲击力，将艺术的语言移植到建筑的表皮当中，完成艺术与建筑的跨界合作。

二、艺术街区规划的多角度分析

紫薇·尚层的总体规划是从图形肌理、社区的开放性、空间的艺术性三方面逻辑推导出来的。

由于城市道路存在与正南北向呈45°交角的肌理关系，所以方案首先建立了正交与斜交的两组网格关系，使之成为建筑形体变化的参照系。同时，性质不同的两块用地，在结合部形成了自然存在的南北方向主轴线，配合在用地中心位置建立起来的东西轴线，构成了十字形的总体规划基本骨架。建筑形体与负空间是在这样的轴线体系与坐标网格的双重定位下界定的，具有很强的空间逻辑关系。

社区的开放性是街区活力的前提条件，但是却又与住宅私密性要求相互矛盾，所以规划形态的合理性是解决开放与私密辩证关系的途径。项目在地块的中心位置设置了最为开放的商业广场，并以点式高层办公楼加强了空间的流动性；在地块的南北两侧通过板式公寓与住宅围合而成两组半封闭的院落空间，作为住宅私密活动的主要场所；在这两种不同属性的空间之间，以点式与连续折板相互呼应，形成空间开放性的过渡。在总体的规划形态上以连续的折板形态与点式、板式建筑形成非对称的动态构图形式，呈现外部围合、中心开放，外部私密、中心公共的空间意向。

常规意义的造型艺术局限于建筑外部形象的处理，而紫薇·尚层从总体规划的宏观角度考虑了建筑群体对城市空间的印象，以及项目地标性质的营造。总体规划中对于西侧城市界面进行了深入的研究，为了避免一字排列的单调重复感，结合开放广场设置了高层双塔，形成项目的门户与视觉焦点；利用角部的转折关系，用连续折板的体块穿插，表现大气连贯又不失变化的大盘形象。同时，东侧住宅建筑作为城市轮廓线的有益补充，形成空间疏朗，层层递进的丰富层次。

所以，总体规划布局中点、线、面元素的抽象构图，在竖向体块构成的组合下，呈现极具视觉冲击力的艺术特色。

三、街区生活模式的产品实践

充分挖掘基地的景观、居住、办公、商业价值，实现合理的资源配置，使居住和商业、公寓在功能上取得协调。通过商业与公寓的结合，体现物业的复合性特征，并营造出独具特色的城市生活空间，是本项目的重要目标。

紫薇·尚层主要提供了四种可售产品：个性loft公寓；弹性空间办公；复合业态商业；中小户型住宅。

个性loft公寓——5.4m层高的完整空间使功能具有弹性、多样化，可以发挥客户的想象力进行办公或者居住功能的整合；

弹性空间办公——灵活可变的平面布局模式可以为创业者提供有益的孵化场所，社区多种功能的共生位置提供了一站式的服务环境；

复合业态商业——扩大商业的辐射面，采取泛街铺化设计理念，以集中商业、商业内街、主力店铺组合的形式，形成区域化的商业中心，同时商业空间的规划既是对过去集市型商业精神的同归，又迎合当代都市人利用先锋文化创造商业价值的个性化需求；

中小户型住宅——以一梯三户、四户为主的板式中高层住宅，户型方正、南北通透、空间紧凑，符合初次置业和商务人群的消费要求。

简·雅各布斯在《美国大城市的生与死》中提出“街道眼”和“街道芭蕾”的概念，“街道眼”是关于街道的防卫功能，由于临街建筑和街道的视线监视形成公共监视网“以保护陌生人和我们自己人”。“街道芭蕾”是对街头生活场面的生动比喻，这种生活场景是城市特有的魅力和生命所在。

紫薇·尚层的社区规划理念在街区生活的基础上，提出在同一地点解决居住、工作和娱乐的生活模式，形成了便于步行、非机动车通行及建立公共交通设施的形态及规模，并在一定程度上加强空间的紧缩性，有利于人们之间的社会性互动。项目采取封闭管理的围合式住宅和公共开放的商业空间共处的模式，增强了住区防卫能力并形成尺度适宜的公共院落空间，为人们提供了一个舒适、安全开放的交往场所，同时开放的公共空间也缓解了封闭管理社区与周边的关系特别是紧密相邻的街道冷漠的、难以共融的关系。

另外，现代的生活艺术并不只限于在邻里单元内。不同产品之间必然要有联系(如儿童上学、主妇购物)，需要

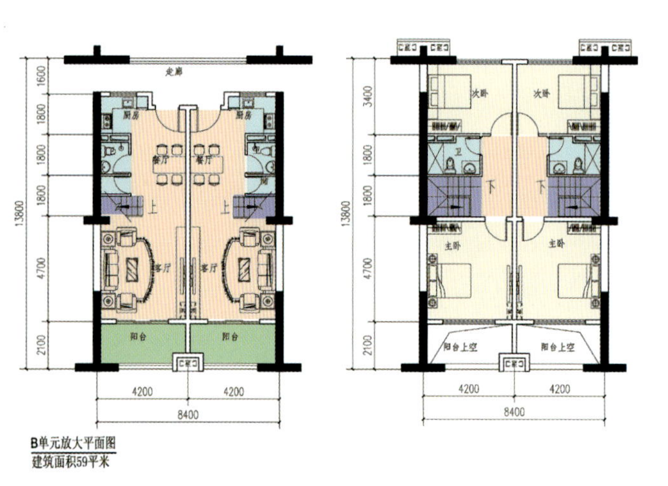

7.loft单元放大平面

7

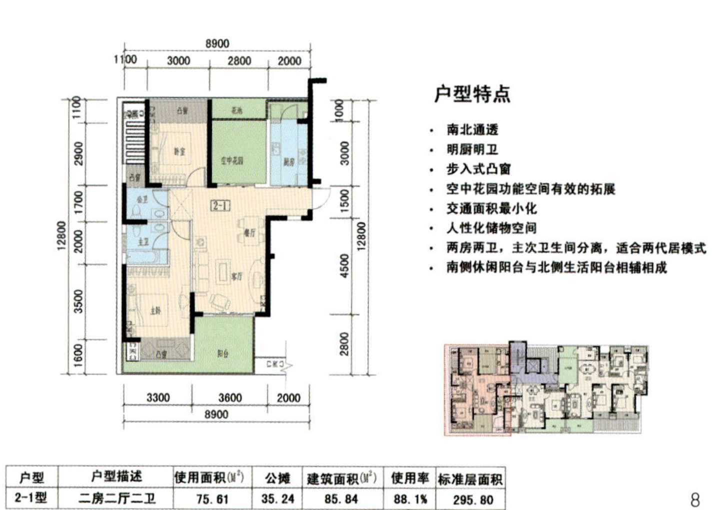

户型	户型描述	使用面积(M²)	公摊	建筑面积(M²)	使用率	标准层面积
2-1型	二房二厅二卫	75.61	35.24	85.84	88.1%	295.80

8

8.典型户型平面一

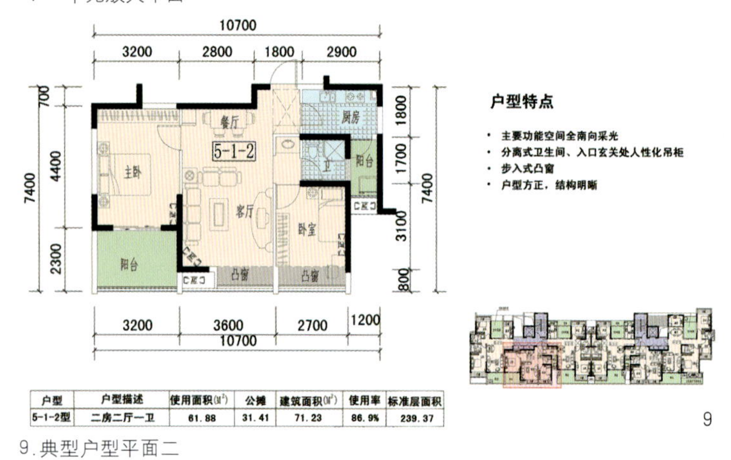

户型	户型描述	使用面积(M²)	公摊	建筑面积(M²)	使用率	标准层面积
5-1-2型	二房二厅一卫	61.88	31.41	71.23	86.9%	239.37

9

9.典型户型平面二

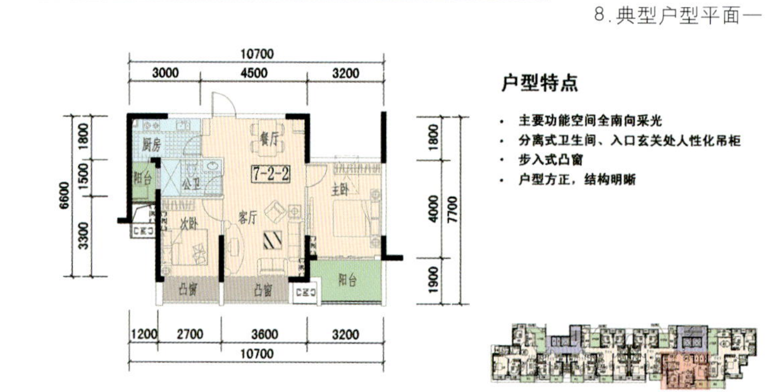

户型	户型描述	使用面积(M²)	公摊	建筑面积(M²)	使用率	标准层面积
7-2-2型	二房二厅一卫	62.41	54.74	75.86	82.3%	308.71

10

10.典型户型平面三

11.尚层太白南路沿街透视效果图

建立相应的连通空间体系——即所谓的公共环境，来解决跨越街区和人车分流问题。这样的公共环境是与提升住宅品质的内部景观相互呼应的，公共环境的功能在于人们交往活动的场所、社区共享的开放景观、城市与社区的过渡空间。注重公共环境而非单调地封闭社区，是紫薇·尚层努力营造的一种生活艺术。

四、街区外部空间的艺术表现

建筑艺术的创新是对传统形式逻辑的颠覆。紫薇·尚层的造型设计摆脱了形式与功能的常规联系，打破了住宅或者办公的基本造型元素，运用立体主义的体块穿插构成手法与艺术元素的大胆组合，总体体现大气连贯的城市街区印象，使社区成为具有艺术特色的标志性建筑物，体现产品的超前艺术理念。

办公与公寓建筑空间的最大特点是模数化与弹性，它们的造型设计主要顺应功能的可变特色，形成高低起伏的轮廓线、灵活穿插的体块意向以及层次丰富的表皮处理。

具体而言，板式办公部分运用模数化的设计理念。将功能空间的一个单位作为立面设计的一个基本元素，利用集聚与加减的处理手法，用不同形态的表皮覆盖不同的单位，表现出匀质背景下的具有个性化的穿插体块。虚实的对比削弱沿街主界面的“大体量”的感觉，让形体组合更加活跃、清盈，具有动感。

点式办公的造型设计运用具有时代特色的表皮主义设计手法，以结合内部空间模数单位的白色“扣子”母题，上下错动形成韵律，构成具有特殊效果的肌理，颠覆了传统办公建筑语言的构成逻辑，为城市带来时尚先锋的标志性元素。

住宅的立面设计受到功能空间和特定建筑符号（凸窗、空调位等）的约束，创新设计具有较大的难度。在项目实践中兼顾了平面功能与造型理念的双重要求，通过对凸窗阳台线条的处理形成横向线条为主的立面形式，将局部的造型元素提炼出来形成横竖交织的框体造型，与办公公寓的造型元素遥相呼应，总体上打破住宅常规单一的形式，形成上下变化左右错动的动感语言，与整体社区的艺术气质相呼应。

艺术化的建筑空间能够对使用者的生活方式产生潜移默化的影响，时尚前卫的社区环境很大程度地提升了社区的活力，使各种功能产生高效率的融合与互动。

五、结语

开放的规划，赋予多种功能，强调街道的作用，注重街坊邻里的沟通——发展开放复合的街区住宅，是多数中国城市学家、规划师、建筑师的共同倡议，也是我们在尚层项目中努力营造高雅生活品质的设计理念与追求。在这里，我们不仅仅设计房子，而是跨界设计生活品格，设计生活方式。

***指导：蔡明**

作者单位：美国开朴建筑设计顾问有限公司

12. 尚层住宅街景透视

藤本壮介：建筑新秩序

Sou Fujimoto: New universality in architecture

陆晓婧 *Lu Xiaojing*

藤本壮介

日本藤本壮介建筑事务所被美国《建筑实录》杂志评为“2007年度世界先锋设计事务所”之一。

这个年轻事务所的建筑实践，创造了更丰富的场景、更多的层次、更多的室内外空间关联，以及在各个可能方面的更大的多元性。让我们从藤本壮介事务所的创作热情中去体验其“原始建筑”的设计哲学。

当我第一次踏进日本藤本壮介事务所的时候，好像是发现了一个神的启示。事务所的项目有的充满了奇妙的叙述性和寓意，有的简单有趣。我能感受到其中一些项目试图探索有关空间和建筑之间的基本联系，尽最大的努力回归到开始的状态，创造藤本先生所谈论的“原始建筑”。

一、藤本壮介事务所的建筑实践

藤本壮介事务所成立之初有5个人，现在扩充为9个，每天从上午10点工作到半夜。其办公地点位于东京，一个住宅街区的地下室。这里感受不到外面的日夜交替和天气变化，只有一个狭窄的消防楼梯能偶尔透进一束光线。这样的环境，不仅脱离东京的城市环境，而且从某种意义上与整个外部世界脱节。我确信，正是这种与世隔绝的状态，帮助事务所培养了其项目中的抽象性特点。

在东京这样一个孕育了混乱多元的住宅类型的城市里，人们可以自由发挥、提取、幻想，或者重新定义城市的本质。有时，可以颠覆事务所楼上的那些住宅的典型秩序（或者根本没有秩序，就像这个城市的信条），创造类似“东京公寓项目”这样全新的建筑概念。有时，在物质和其相互关系中发现新的基本的真相，引发类似木屋和原始未来住宅这样的项目。木屋项目是位于熊本市的获奖项目，而原始未来住宅项目则构想未来新概念的生活模式。

事务所项目丰富的多元性来自于所有工作人员的参与。大多数新项目，先要进行事务所内部的设计竞赛。所有设计师，包括实习学生，每人提交至少一个构思，在这个基础上进行公开、积极的讨论。讨论的范围从建筑形式到景观，直至当代的生活模式，最重要的是求“新”：新的角度，新的观念和新的建筑关联。藤本壮介事务所的主导目标是推动建筑，挑战界限，到达其理想化状态。同时，事务所乐于接受新事物，并进行实验性创作。这标志着其还是个年轻的团队，仍在慢慢成熟，不断寻找自己的方向。

也许这个事务所永远都不会停留在一个特定的“风格”上，因为他们的设计师是如此的多样化并且充满创造力，也因为他们会厌倦把注意力放在一个作品里。他们会本能地接受各个现代都市的多元性和异端，从各个可能的方面解读建筑。

二、理论及启发灵感

在藤本壮介事务所的设计作品中，特别是在由藤本壮介本人提出基本概念的方案中，我们仍然可以发现一些设计哲学。藤本壮介经常通过森林的例子来解释“局部关联”的理论。即森林没有一个绝对的秩序，单个树和其周围的树之间产生的关系，不断复制，最终决定了整个森林的形态和组织。这就是他所说的“自下而上”，而非“自上而下”的秩序。

原始未来住宅项目是藤本壮介最早实现这个理论的建筑方案，其试图从细节的关联出发，最后形成更广阔的图景。在这个项目中，以350mm为间距，将单元厚板不规则地叠放在一起。单个高度可以用来坐在上面（和椅子面同高）；两个叠在一起，可以作为桌子；三个叠在一起，可以作为架子；而把它们全部叠放在一起，自然形成楼梯。藤本壮介以此打破传统意义上楼板的概念，他认为其代表了建筑中的“整体秩序”。他把小的单元组合成为基本建筑形态，不同于传统的楼层的形式，而是令其成为具备多种功能和关联的场所——一个改动过的地形。这种由小单元和其间关联产生的类似“云”的形态，体现了藤本壮介先生所描述的“自下而上”的秩序。

这种小单元之间的结合模式也使人的身体和建筑元素间重新获得平衡。地面不再仅供人站立，而桌面也不再是脱离建筑本身的独立家具。一些人使用的桌面，对另外的人可能就变成了地板；一些人使用的椅子，对另外的人可能是架子。无论是作为局部关联所产生的副产品，还是本身的动机就是寻找这样的关联，结果都是一样的：建筑元素（地面、墙壁和屋顶）和家具之间互相平等，同处于一个连贯的系统之中。

随着日本南部木屋项目的施工，在今年晚些时候，我们就能看到这个概念在实际项目中实现。该项目赢得了熊本地方政府举办的设计竞赛——熊本地方政府曾经为包括伊都丰雄在内的很多顶尖建筑师提供公共建筑项目的设计机会。当地一个木材公司邀请一些年轻建筑师事务所在一处风景秀丽的山地建造小木屋，惟一的设计要求是用木头建造。藤本壮介的参赛方案给甲方带来惊喜。其地板、桌面和床都是由250mm厚的实木制作的。这个项目实施以后，我们可以全方位地体验这个由〝自下而上〞的秩序所产生的全新的住宅形态。

在藤本壮介的私人住宅项目中，我们可以看到更多同样来自于直觉感知的，却各自有不同形式的例子。我这么说，并不意味着这些住宅设计方案在任何程度上缺乏严谨性。例如T住宅和住宅O，房间之间的关联，在设计方案中形成一串没有止境的类型，每一个类型都在前一个类型的基础上产生变异并重新界定前一个类型。每一个类型都带来新的启发，并把方案引向一个微妙变化的新的方向。在这些方案中我们可以看到，构成住宅的并不是传统的方形房间，而是一系列互相密切联系的空间。

在T住宅项目里，人的行进过程经历从很深的灰空间到普通边界的渐进，不知不觉中置身于另外一个空间里，整个过程好像是一个精心策划的电影场景。而在住宅O项目中，在面朝大海的悬崖上，每个房间呈树枝状分叉，形成从大海中冲刷出来的精致铸造的形象。原始未来住宅项目中展现出来的在〝建筑元素〞之间的局部关联，在此进化为〝建筑空间〞之间的局部关联。每一个区域都引进一个新的变化，在这个规律基础上，产生整体的有机形式。

以上特性并不能完全归纳藤本壮介事务所所有的设计项目。上文中提到，在这里工作的每个设计人员都在不同程度上对方案作出自己的贡献。整个设计团队依旧年轻，在不断努力实践，发掘他们所关注的领域的潜质，明确这些领域的界限。尽管如此，通过我所看到的项目，能看到他们的设计方向：脱离现代或现代主义建筑的单一体验，创造更丰富的场景，更多的层次，更多的室内外空间关联，以及在各个可能方面的更大的多元性。

三、广阔的远景

尽管藤本壮介事务所蜗踞在东京的某个地下室里面，他们的作品已经不自觉地介入了全球更大范围内的建筑学探索。从加利福尼亚的Greg Lynn，到阿姆斯特丹的UN工作室，涌现出很多〝出现〞理论的势头，并汇集成为一种新的建筑类型。〝出现〞理论最初是在生物学领域内提出的，用于解释萤火虫如何同步发出荧光。通常人们认为在萤火虫群落里有一只带头的萤火虫告诉其他的萤火虫同步发出荧光，通过实验，科学家发现根本不存在带头的萤火虫。实际上，每只萤火虫只是对周围的萤火虫作出反应，调整它的发光节奏，以达到同步。在一定时间内，大量的萤火虫会突然间协调一致，好像被人打开开关一样同时开始发光。

从建筑学角度，〝出现〞理论应用在由更小局部的关联所产生的组织结构中。有意思的是，Greg Lynn在对于这个方向的研究与藤本壮介事务所处在两个极端。Greg Lynn编写尖端的电脑程序，在设计中加入实时反馈系统，而藤本壮介事务所的工作仍然建立在繁重的手工劳动的基础上，他们通过制作实际建筑模型来验证建筑空间的变化(这点对于大量的日本工作室非常典型)。尽管如此，他们都在探讨局部和整体的关系，以及在局部单元之间创造变化。

虽然在小型项目中，他们的工作方式非常接近，人们还是会设想是否藤本壮介会觊觎Greg Lynn所掌握的技术能力。Greg Lynn的技术条件让他获得了几乎没有限制的变化，并且可以通过反馈来获得新的形式。更重要的是，相对于Greg Lynn能获得的所有的几何造型，在东京的地下室里面，藤本壮介事务所由卡纸和泡沫塑料做成的模型在很大程度上依然受笛卡儿主义和直线的限制，从而阻碍其对新形式的探索。尽管很多建筑师担心过多的电脑技术的运用会损害建筑学的悟性，但是类似Greg Lynn这样巧妙地利用电脑技术，还是很大地拓展了我们的建筑表达，到达任何可能企及的深度。

在未来的几年里我会继续关注藤本壮介事务所的发展。如果他们能继续保持原有项目的质量和热情，就足够令人欣慰。但我更盼望他们能更进一步，打破自身固守的标准，迈向更广阔的领域。

***翻译：李文海**

作者简介：陆晓婧，建筑师，曾任东京藤本壮介事务所罗马尼亚私人住宅的项目负责人。现工作于伦敦，进行一个英国农场住宅的改造设计。同时，还作为智囊团的一员为英国皇家建筑师研究院工作，开展对未来20至50年影响建成环境的关键因素的研究。此外，她也是一个活跃的作者，在各类设计和建筑类杂志上发表文章。

作者单位：陆晓婧建筑设计
英国王室建筑院

原始的未来住宅

Primitive future house

设计团队：藤本壮介建筑事务所
设计时间：2001年
结　　构：钢结构
主要功能：居住

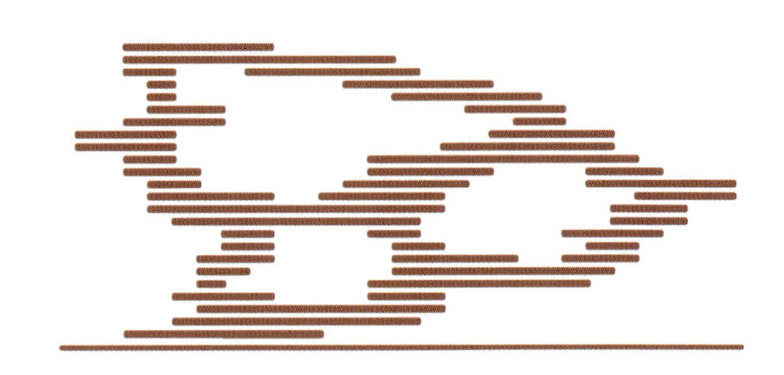

这个方案的目的并不是建造住宅机器，而是探索更基本的生活空间。场所，其实也是"提示"，或者是"钥匙"。这是一个原始的空间，好比是云、巢，或者是洞穴一样。我们确信这是拓展新的住宅原形的尝试。

建筑由层叠的厚板构成，每层板间隔350mm。这些厚板被用作椅子、桌子、地面、屋顶、架子、楼梯、照明设施、开放空间、花园和建筑结构。350mm的尺寸是由人体工学确定的。例如，350mm是椅面高度，700mm是桌面的高度，175mm是每级台阶的高度。连续不断以各种高度层叠的板构成了不同的场所，使用者通过本能寻求各种场所的功能性。在这个过程中，人工建造的地形成为可以生活在里面的住宅。

这个住宅可以说并不便捷。但是，在这个项目中，不便捷的概念完全没有消极意义，它并不是指不实用，不舒适，或者是缺乏良好的装备。我们认为不便捷能带来更多元的人的活动。类似于自然和人类的关系，不便捷的概念提供更开放的可能性。问题是，是否能"设计"这样的不便捷形态，不确定性和没有预料的惊喜？针对这个问题，建筑师尝试从不同部分之间的关系出发，寻求新的方法。通过这个方法，在建筑设计中寻求局部的秩序，其并不是完整的空间秩序，而是指每个部分之间的关系。这样，才能让模糊性、不完美和秩序共同存在于一个建筑中。最复杂和最模糊的东西，也是最简单的，这是对简单的新定义。在这个项目中，350mm(板的间隔厚度)提供了局部的秩序，这是新的建筑模数，这个尺寸相当于通常层高的1/10。从这个模数中，诞生了有关建筑和人之间新的秩序。

***日本藤本壮介建筑事务所供稿**

李文海翻译

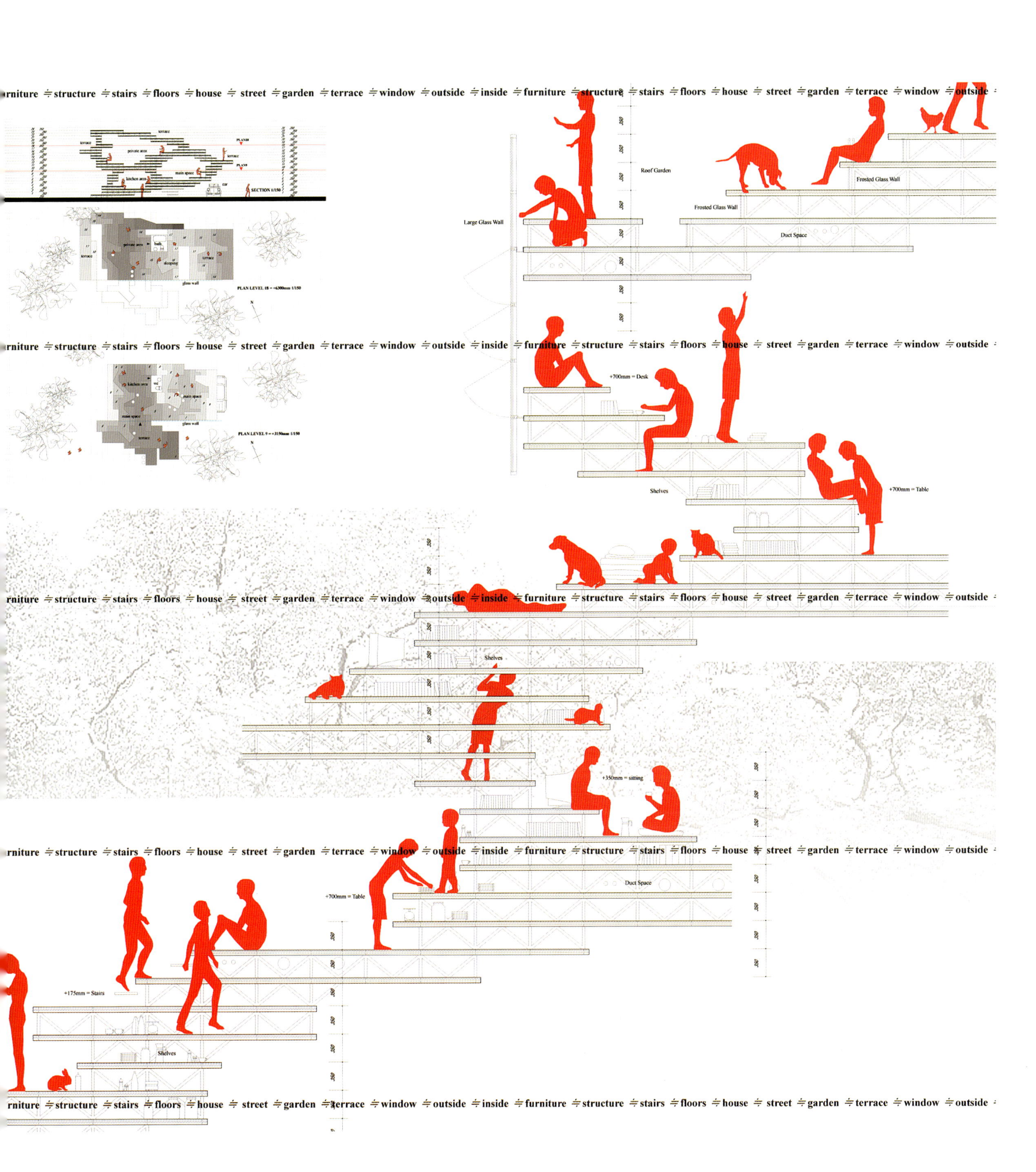

rniture ≑structure ≑stairs ≑floors ≑house ≑ street ≑garden ≑terrace ≑window ≑outside ≑inside ≑furniture ≑structure ≑stairs ≑floors ≑house ≑ street ≑garden ≑terrace ≑window ≑outside
SECTION 1/150
PLAN LEVEL 18 = +6300mm 1/150
PLAN LEVEL 9 = +3150mm 1/150
Roof Garden
Frosted Glass Wall
Large Glass Wall
Duct Space
+700mm = Desk
Shelves
+700mm = Table
+350mm = sitting
+175mm = Stairs

T住宅

T house

设 计 团 队：藤本壮介建筑事务所
建 设 地 点：日本本州岛
用 地 面 积：144.47m^2
建筑覆盖面积：90.82m^2
总 建 筑 面 积：90.826m^2
结　　　构：木结构；1层
主 要 功 能：居住

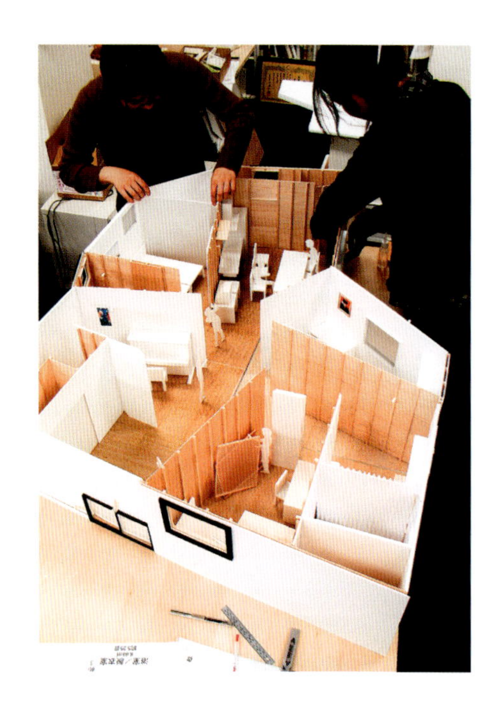

该建筑可以被称作原始住宅，其基地位于日本本州岛前桥一个安静的郊区住宅区内。作为四个家庭成员的住宅的同时，这个建筑还具备展览功能，展示客户收藏的当代艺术品。

追溯历史，建筑无非是创造不同尺度的距离感。例如，一个私密的房间就是一种长距离的、封闭的、隔离的环境。相反，拉开一定距离，但同时保持联系，就形成了不同的空间感。在这个项目中，建筑师展示了一个崭新却原始的设计概念，一个在折线的外形内创造出多元化的距离感的简单的建筑形式。

其本质上只有一个房间。平面形状很有特色，外形为折线，沿着外墙折点向中心延伸放射形的墙面。这些墙形成的空间的深度不同，每个空间同其他空间的关联程度也不一样。通过这个模式能获得在动静、私密性以及其他方面具有多样化性质的空间形态。

该建筑从某种意义上讲又类似于小巷和日本庭院。在传统日本庭院中的小巷中通常能看到精心布置的踏脚石，每一个踏脚石都改变了周围景物的关系，给人移步易景的体验。在花园中漫步，在各个角落停留，这样的体验同在T住宅项目中获得的体验有很多共通之处。

*日本藤本壮介建筑事务所供稿

李文海翻译

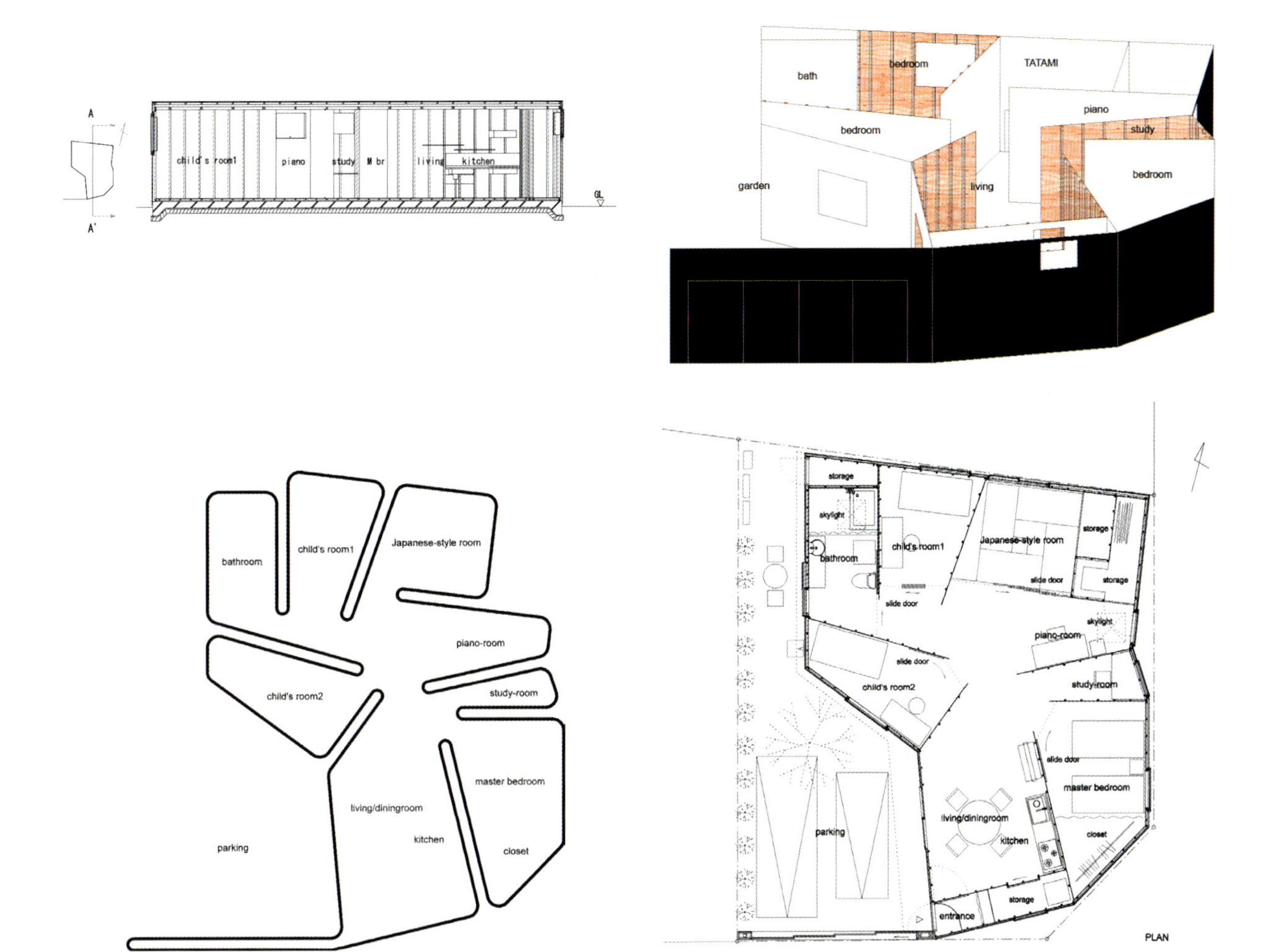
A
A'
child's room1
piano
study
M br
living
kitchen
GL
bath
bedroom
TATAMI
bedroom
piano
study
bedroom
garden
living
bathroom
child's room1
Japanese-style room
piano-room
child's room2
study-room
master bedroom
living/diningroom
kitchen
parking
closet
storage
skylight
bathroom
child's room1
Japanese-style room
storage
slide door
storage
slide door
piano-room
skylight
slide door
child's room2
study-room
slide door
master bedroom
living/diningroom
kitchen
closet
parking
entrance
storage
PLAN

住宅O

House O

设 计 团 队：藤本壮介建筑事务所
建 设 地 点：日本千叶
用 地 面 积：656.46m^2
建筑覆盖面积：128.94m^2
建 筑 面 积：128.94m^2
结　　　构：钢筋混凝土；1层
主 要 功 能：居住

这个项目是为一对夫妇设计的周末度假别墅，位于距离东京2个小时车程的布满礁石的海岸线上，这对夫妇打算未来在这里定居。项目基地坐落在眺望太平洋的岩石上，有小路可以走下至海边。

项目在平面布局上富有特色，是一个连续的房间，可以想象成树的枝干。所有的功能房间，包括入口门厅、起居空间、就餐空间、厨房、卧室、日式房间、书房和卫生间都包含在这个线性连续的房间内。

业主对这个项目的要求是设计一个能近距离感受大海的住所。针对这个设计要求，建筑师试图创造不同的有关大海的意向。例如全景眺望，从洞穴般凹进的空间里望被包围的大海，和出挑在大海之上。穿过住宅内的各个空间，人们可以从不同角度，以不同的方式感受大海。起居空间、卧室和卫生间各自也以特有的方式和大海相联系。

可以说，这个建筑给人的体验类似于一条海岸景观步行道，时而眺望宏大的全景，时而感觉大海在你身后，或者仅透过岩石的缝隙瞥一眼大海。这条步行路联系着舒适的功能空间，而这些空间体现了项目最初的空间意向——不断连续蔓延，没有明显的界限，好像宇宙被划分之前的混沌状态。建筑师希望以此还原建筑的原始形态，使其介于自然和人工之间。

*日本藤本壮介建筑事务所供稿
李文海翻译

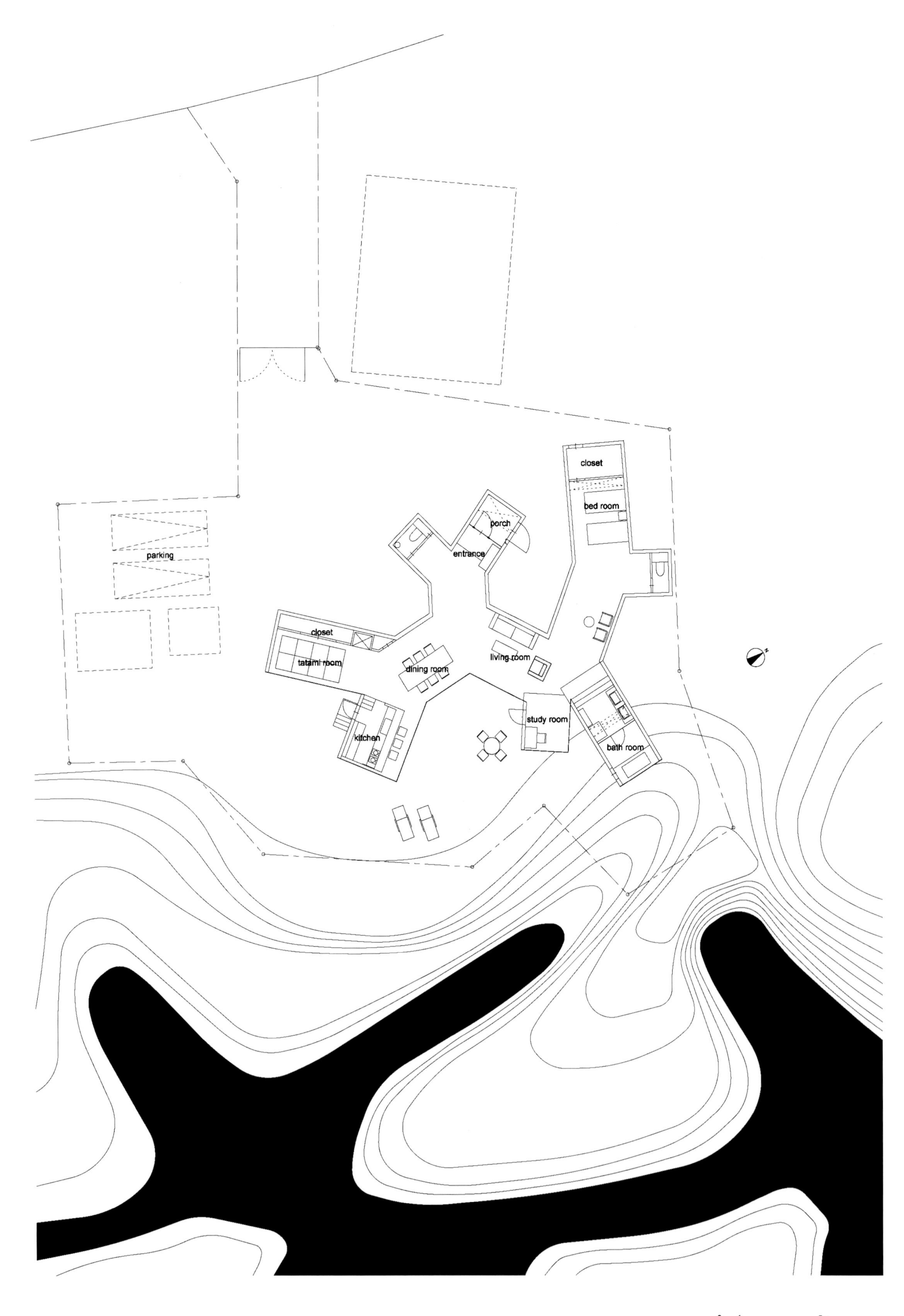
closet
bed room
porch
entrance
parking
closet
tatami room
dining room
living room
study room
kitchen
bath room
0 1 5m

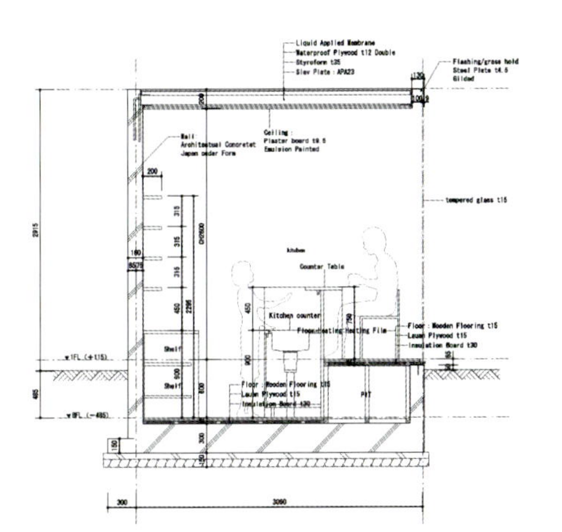
Liquid Applied Membrane
Waterproof Plywood t12 Double
Styroform t35
Slev Plate : APA23
Flashing/grass hold
Steel Plate t4.5
Gilded
Ceiling :
Plaster board t9.5
Emulsion Painted
Architectual Concretet
Japan cedar Form
tempered glass t15
Counter Table
Kitchen counter
Shelf
Shelf
Floor : Wooden Flooring t15
Lauan Plywood t15
Insulation Board t30
300
3060

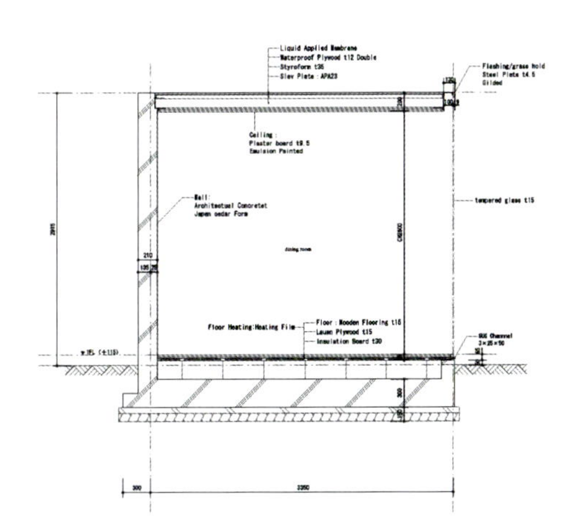
Liquid Applied Membrane
Waterproof Plywood t12 Double
Styroform t35
Slev Plate : APA23
Flashing/grass hold
Steel Plate t4.5
Gilded
Ceiling :
Plaster board t9.5
Emulsion Painted
Wall:
Architectual Concretet
Japan cedar Form
tempered glass t15
Floor Heating:Heating File
Floor : Wooden Flooring t15
Lauan Plywood t15
Insulation Board t30
300
3350

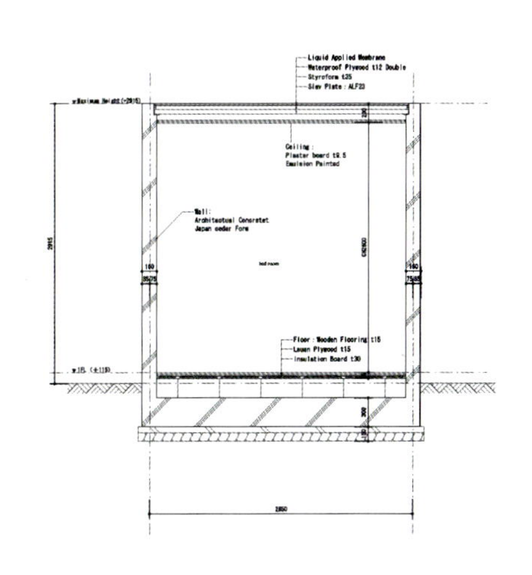
Liquid Applied Membrane
Waterproof Plywood t12 Double
Styroform t35
Slev Plate : ALF23
Ceiling :
Plaster board t9.5
Emulsion Painted
Wall:
Architectual Concretet
Japan cedar Form
Floor : Wooden Flooring t15
Lauan Plywood t15
Insulation Board t30
2850

7/2住宅

7/2 House

设 计 团 队：藤本壮介建筑事务所
建 设 地 点：日本北海道
用 地 面 积：463.25m²
建筑覆盖面积：102.06m²
建 筑 面 积：102.06m²
结　　　构：木结构，1层
主 要 功 能：居住

这个建筑由两个住宅单位构成，尽管如此，两套住宅仍各包含两个卧室和各种起居空间——共计七个通常形态的房子，但其内部空间的划分和外面的形象却没有关系。建筑师试图在连续和分段的手法之间创造变化的空间景观，这个分段的过程，创造出该项目区别于普通住宅形状的各种形式，例如M形房间和N形房间。

*日本藤本壮介建筑事务所供稿

李文海翻译

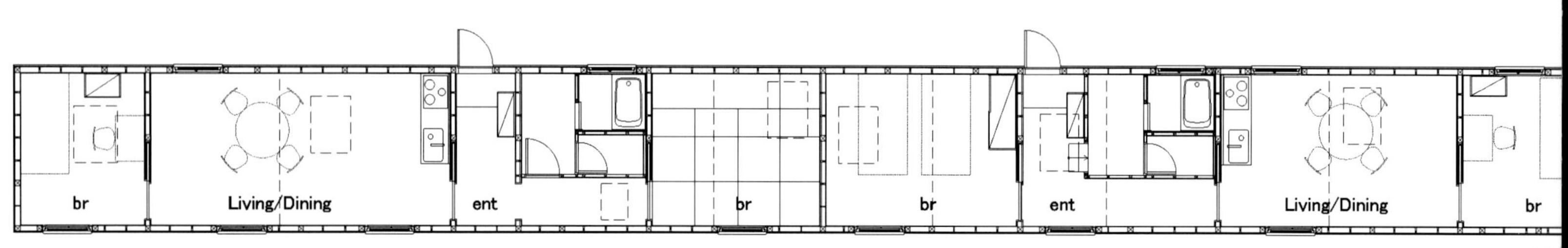

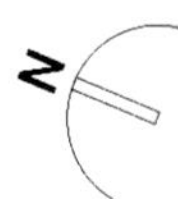

7 shapes of prototypical houses.

It contains 2 houses.

7 shapes of houses are articulated regardless of each shape of hou

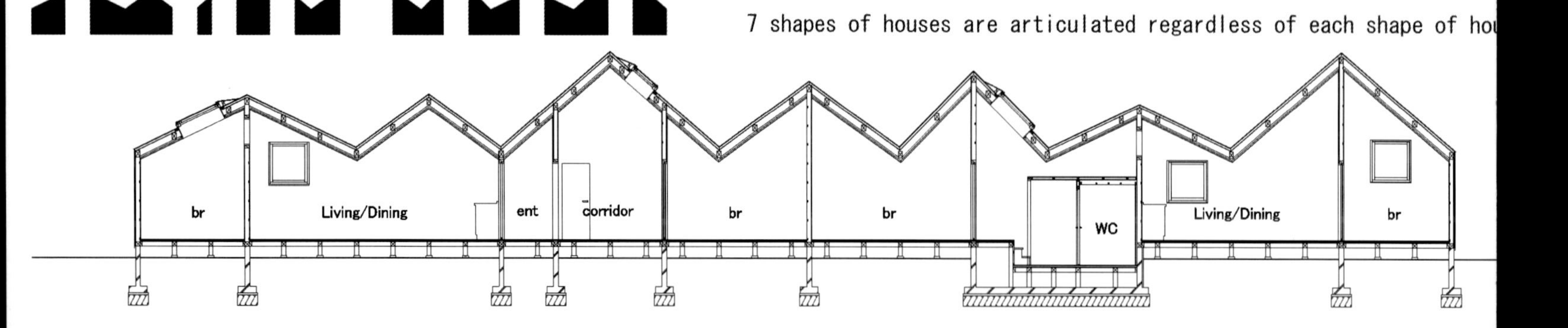

智障者宿舍

Dormitory for the mentally-disabled

设 计 团 队：藤本壮介建筑事务所
建 设 地 点：日本北海道
用 地 面 积：5,402.34m^2
建筑覆盖面积：405.54m^2
总 建 筑 面 积 ：567.00m^2
建 筑 结 构 ：钢结构；2层
主 要 功 能：宿舍

北海道是日本本土最北的地方，项目被特许，在面向大海的西南向坡地上修建，功能是针对智力伤残人士的疗养设施。

该项目自身有根本上的模糊性。一方面，其对于这20个住户来说，是舒适的“家”；另一方面，它也是具有“城市”感的场所，要求容纳多元性和不可预见性。

因此，项目尝试创造一个从内而外产生的建筑，由内部各个“节”之间的关联和秩序所构成。这里的“节”不是指“构件”或“组成部分”。“构件”组装在一起，只能成为一台机器，就像我们在这个时代通常看到的那样。组装这些构件的前提是一套宏观的整体秩序，比如，哪个部件装在什么位置。而在这个项目中，通过“节”的概念，建筑师只想表达局部的相关关系，单元之间的关系构成了更微观的秩序。

从平面上看，以不同角度在端头相接的5.4m见方的多个正方形单元，形成不同形状、不同大小的缝隙和端头空间，让人停留。同城市相对应，不同于街道和大型广场空间的模式，这个项目在每个角落布置了小尺度的广场，并以巷道相连。通过这样的设计，既可以创造家的尺度，又可以获得城市般的多元性。

***日本藤本壮介建筑事务所供稿**
李文海翻译

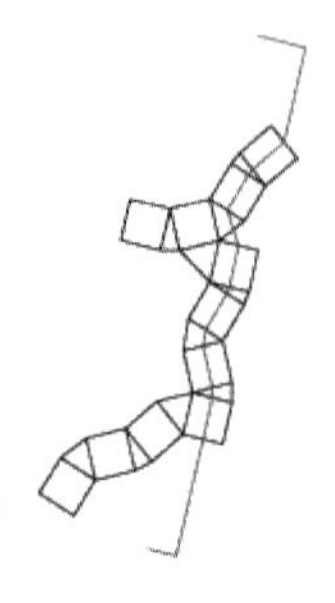

剖面

总体构思
一层平面
二层平面
1: bed room
2: alcove
3: living room
4: washing room
5: wc
6: bath
7: dining room
8: kitchen
9: office
10: entrance
11: roof terrace

对角线墙
——登别市集体住宅

Diagonal walls
Group Home in Noboribetsu

设 计 团 队：藤本壮介建筑事务所
建 设 地 点：日本北海道
用 地 面 积：1,636.93m^2
建筑覆盖面积：744.91m^2
总 建 筑 面 积：744.91m^2
结　　　构：木结构；1层
主 要 功 能：老年痴呆症患者的集体住宅

该项目是在日本北海道登别市的住宅区内为患有痴呆症的老年人建造的集体住宅。其在入口两侧各有一个单元，每个单元有9间卧室，共有18位老人和工作人员居住在这里。

建筑好像由3X3的平行网格形成的火焰。网格在垂直方向轻微摆动，形成空间的骨架。而其不同程度的连续和隔断状态，又产生了空间的修饰。一些地方作为平铺开的起居和就餐空间，而其他地方，在端头部分被墙包围，形成安静的居住空间。最终在巨大的火焰造型中，一个居住场所从周围的自然环境中脱颖而出。

*日本藤本壮介建筑事务所供稿

李文海翻译

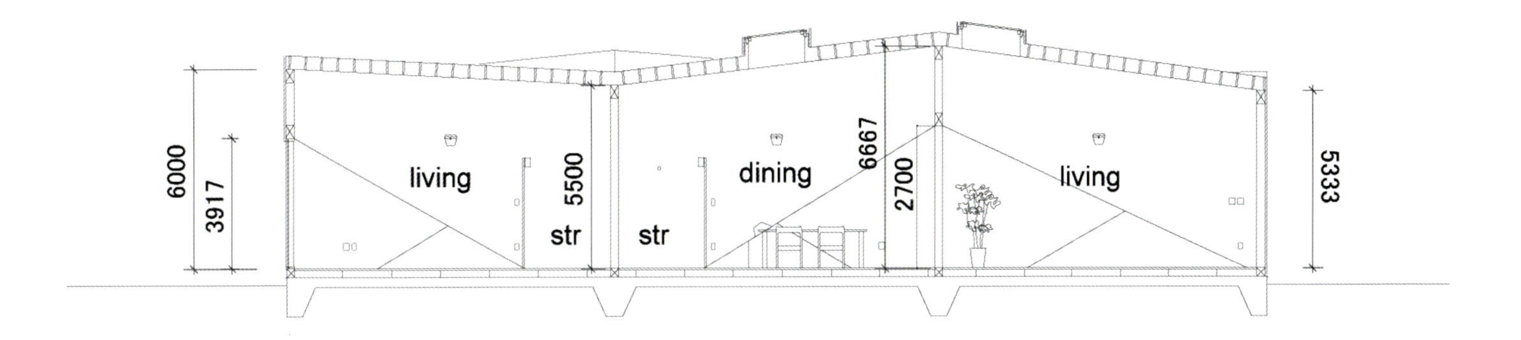
6000
3917
living
str
5500
str
dining
6667
2700
living
5333

东京公寓住宅

Tokyo Apartment

设 计 团 队：藤本壮介建筑事务所

建 设 地 点：日本东京

设 计 时 间：2006年7月至今

施 工 时 间：2008年竣工

用 地 面 积：143.48m²

建筑覆盖面积：92.94m²

总 建 筑 面 积：211.15m²

结　　　　构：木结构；3层

主 要 功 能：集合住宅

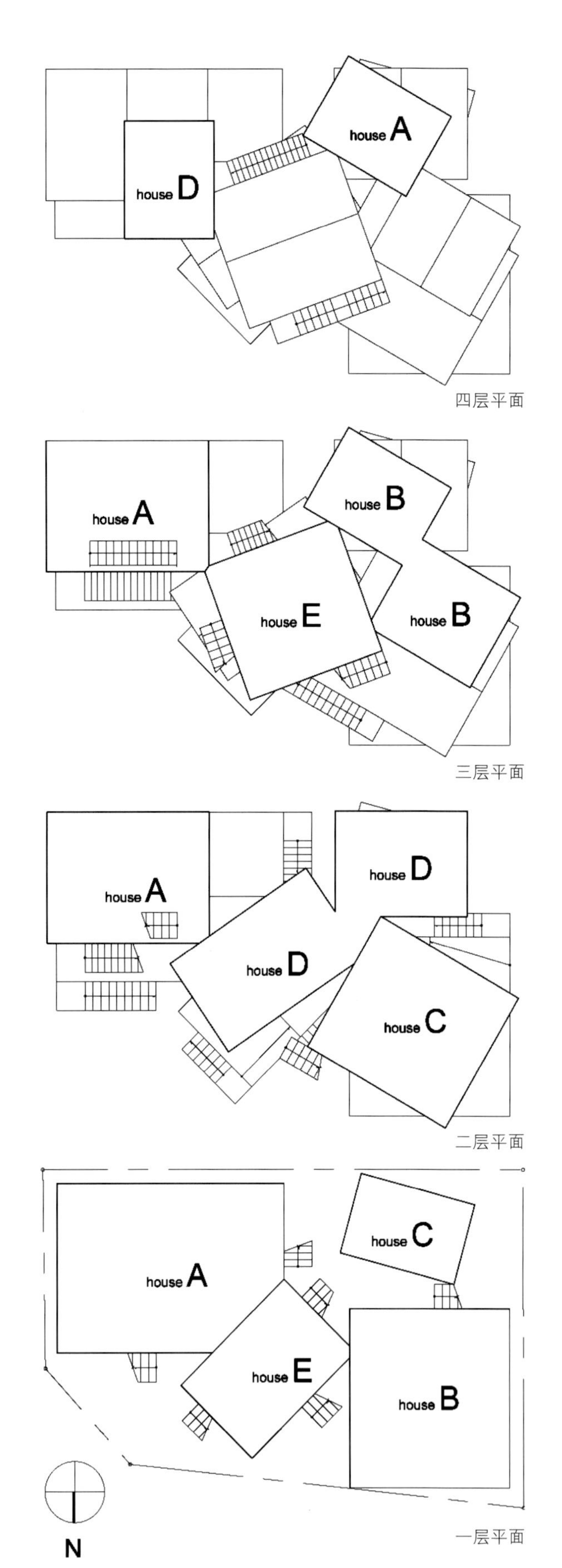

四层平面

三层平面

二层平面

一层平面

这个项目是在东京中心的居住区内的集合住宅。由5套住宅单位构成，包括房东自己的住所。 每套住宅都由两个或三个按照住宅原形模式设计的独立住宅构成。例如有两套房间的住宅，可能是在一层有一套，在三层有一套，中间以室外楼梯相连。

可以说，对每套住宅的体验都由各自独立的单体住宅单位的体验，和在穿越室外楼梯的过程中对城市的体验共同构成。城市像一座巨大的山峰，而在室外楼梯上攀爬时，好比攀登山峰。整个住宅对居住者的体验，好像在山顶和山脚各自单独的住宅体验，加上在山上往返穿越的过程，在这个过程中，体会整个城市。

这个集合住宅是整个东京的缩影，是对"东京永远都不真实存在"这句话的形式化表达。建筑师试图创造拥挤和混乱无续，却同时也无限丰富的空间。

*日本藤本壮介建筑事务所供稿

李文海翻译

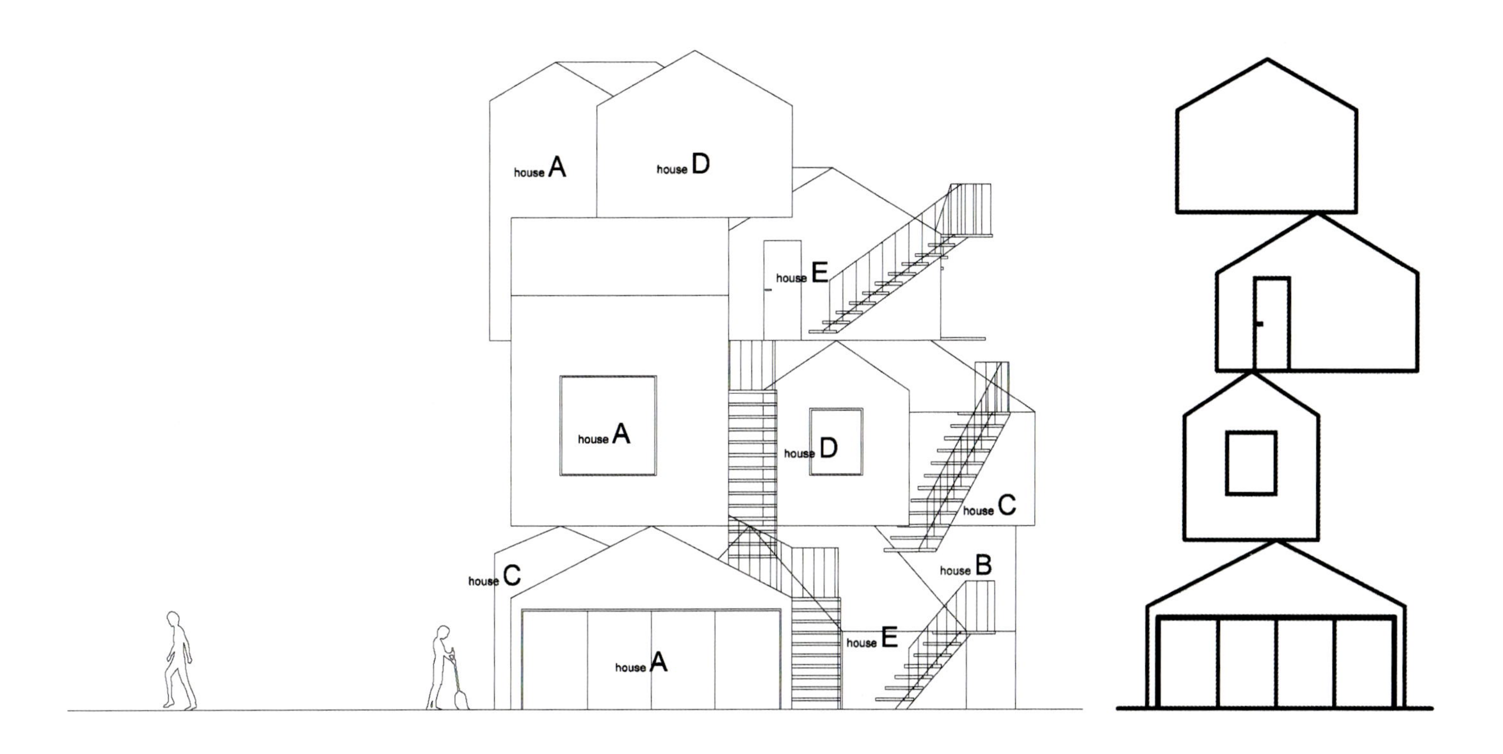
house A
house D
house E
house A
house D
house C
house B
house C
house E
house A

N住宅

House N

设计团队：藤本壮介建筑事务所
建设地点：日本大分
用地面积：236.57m²
建筑面积：150.57m²
使用面积：85.51m²
结　　构：钢筋混凝土；1层
建筑材料：钢筋混凝土(室内/室外)
设计时间：2006年10月至今
施工时间：预计2008年竣工

这是一个为两个人和一条狗设计的住宅。建筑本身是由三个互相嵌套在一起的壳构成的。最外层的壳覆盖整个基地，形成有屋顶的半室内庭院；第二层壳围合了半室外空间的一部分；第三层壳形成一个更小一点的室内空间。在这三重渐进的空间序列里，营造居住空间。

建筑师质疑街道和住宅之间被一道墙简单分割的模式，因此尝试具有更丰富层次感的渐进空间序列的可能性，与之相随的是在街道和住宅之间更多层次的距离体验。例如，住宅内靠近街道的场所，稍微偏离街道的场所，远离街道的场所和完全私密的场所。

PRIVATE ⟷ CITY

inside outside

Old House

inside & outside

New House !

因此，从某种意义上讲，这个建筑模拟了生活在云层中的空间意向。没有明确的边界，与之对应的是渐变的场所感。有人说理想的建筑让室内空间感觉像室外空间，而室外空间感觉像室内空间。在一个嵌套空间里，内即是外，反之亦然。这个项目不关心建筑空间和形式，只表达在住宅和街道之间过渡的丰富的层次感。

这个世界是由反复变化的嵌套构成的。三重嵌套的壳最终形成无限变化的嵌套关系，只有这三重壳体被赋予了可见的形态。在建筑师眼中，城市和住宅在本质上没有区别，是同一个主题的连续统一体的不同形态，或者说是对人类居住的原始空间的差异化的表达形式。这个项目是终极住宅形态的代表，在这里，从世界的开端，到任何一个特定的住宅，都可以用同一个方式，共同研究。

*日本藤本壮介建筑事务所供稿

李文海翻译

bath
kitchen
bed
living
dining
parking
0
5
10m

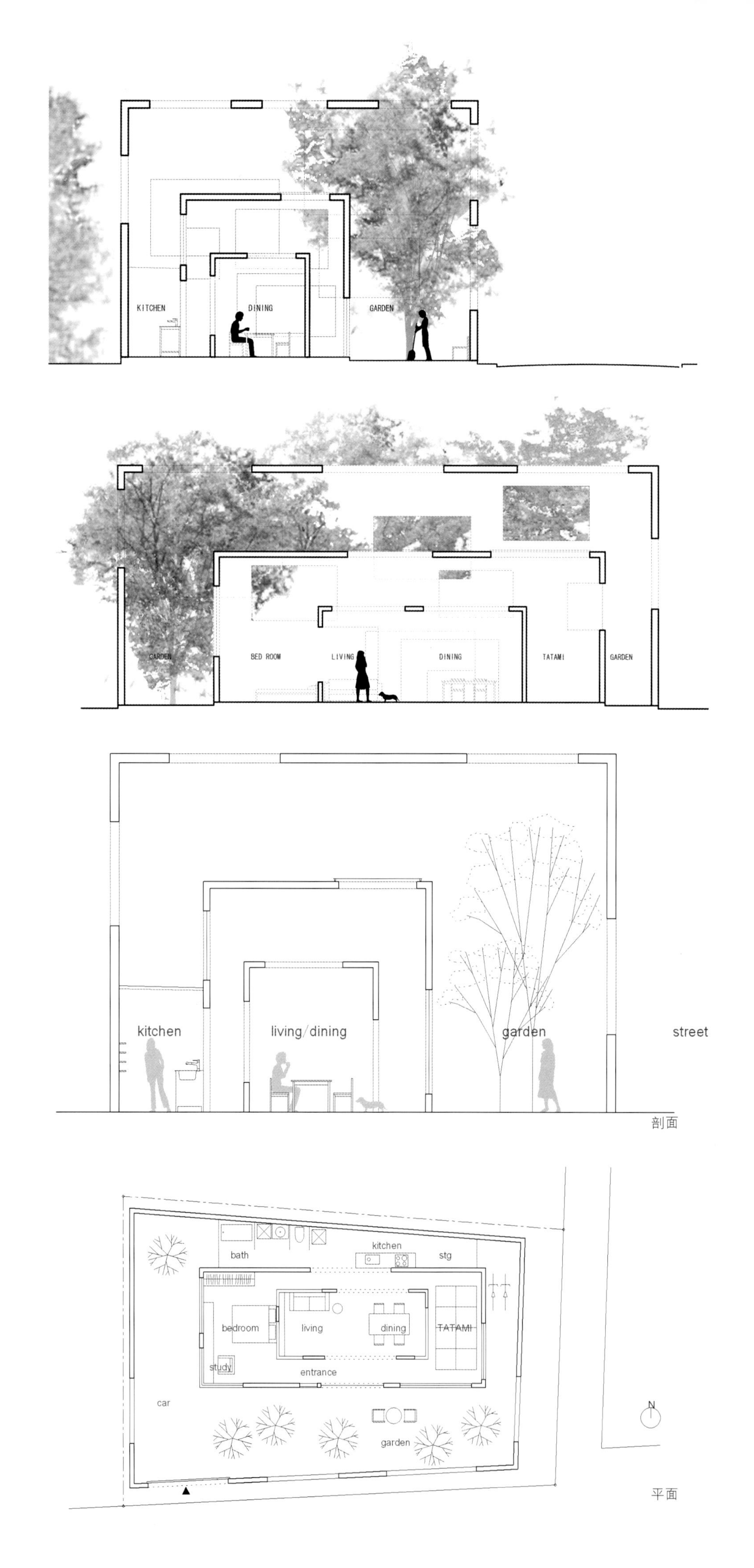
KITCHEN
DINING
GARDEN
GARDEN
BED ROOM
LIVING
DINING
TATAMI
GARDEN
kitchen
living/dining
garden
street
bath
kitchen
stg
bedroom
living
dining
TATAMI
study
entrance
car
garden
N

剖面

平面

大学生住宅论文及设计作品竞赛

创意设计·创意家居·创意生活

《住区》 中国建筑工业出版社
清华大学建筑设计研究院 联合主编
深圳市建筑设计研究总院有限公司

《住区》为政府职能部门，规划师、建筑师和房地产开发商提供一个交流、沟通的平台，是国内住宅建设领域权威、时尚的专业学术期刊。

主办单位：《住区》

《住区》大学生住宅竞赛参赛细则

一、奖项名称

《住区》学生住宅论文奖

《住区》学生住宅设计奖

二、评奖期限

一年一度

投稿日期：每年1月1日—11月1日

评奖时间：每年11月1日—11月15日

颁奖时间：每年11月底

获奖论文及设计作品在《住区》上刊登，并在每年年底汇集成册，由中国建筑工业出版社出版，全国发行。

三、评奖范围

全国建筑与规划院校硕士生、博士生关于住宅领域的论文或者住宅设计作品。

四、参与方式

全国建筑与规划院校住宅课的任课老师推荐硕士生、博士生关于住宅领域的优秀论文或者住宅设计作品。

全国建筑与规划院校博士、硕士生导师推荐硕士生、博士生关于住宅领域的优秀论文或者住宅设计作品。

全国建筑与规划院校博士生、硕士生自荐其在住宅领域的优秀论文或者住宅设计作品。

五、评选机制

评选专家组成员：《住区》编委会成员及栏目主持人

六、参赛文件格式要求

住宅论文类

1.文章文字量不超过8千字

2.文章观点明确，表达清晰

3.图片精度在300dpi以上

4.有中英文摘要，关键词

5.参考文献以及注释要明确、规范

6.电子版资料一套，并附文章打印稿一份（A4）

7.标清楚作者单位、地址以及联系方式

住宅设计作品类

1.设计说明，文字量不超过2000字

2.项目经济指标

3.总图、平、立、剖面、户型及节点详图

4.如果是建成的作品，提供实景照片，精度在300dpi以上

5.电子版资料一套，打印稿一套（A4）

6.标清楚作者单位、地址以及联系方式

七、奖项及奖金

个人奖：

1.论文奖：

金奖一名

银奖两名

铜奖三名

鼓励奖若干名

2.设计奖：

金奖一名

银奖两名

铜奖三名

鼓励奖若干名

学校组织奖：学校组织金奖一名

八、组委会机构

主办单位：《住区》杂志

承办单位：待定

九、组委会联系方式

深圳市罗湖区笋岗东路宝安广场A座5G

电话：0755—25170868

传真：0755—25170999

信箱：zhuqu412@yahoo.com.cn

联系人：王潇

北京西城百万庄中国建筑工业出版社420房

电话：010—58934672

传真：010—68334844

信箱：zhuqu412@yahoo.com.cn

联系人：费海玲

$<90m^2, -90m^2-, >90m^2$
——中央美术学院建筑学院2007年住宅课程设计

$<90m^2, -90m^2-, >90m^2$
2007 Housing Studio of School of Architecture, China Central Academy of Fine Arts

何 崴 *He Wei*

2006年中国住宅政策宏观调控中最具分量的一笔就是：新建住宅面积$90m^2$以下的户型比重必须占总住宅量的70%以上。

住房新政的出台，是从国家、城市整体资源的合理利用和社会的可持续发展观念进行考虑的。

从现阶段看，我们对人的居住需求、小户型的设计和住宅供应结构等方面研究还很不够。关于$90m^2$以下的户型设计，目前的结果还是凭我们的主观意向来安排，真正成熟的东西要建立在对中国人居住群体的大量调查研究的基础上，并经过市场的检验。同时，对住区的规划模式也应给予全方位的思考和改变，创造出可持续发展的节约型的居住规划模式。

在未来小户型的设计中，我们既要节约资源，又要提升住房的舒适性，而更为重要的是：为适应未来生活需求的改变，提前在设计上预留的灵活性与可变性。

基于以上情况，我们中央美术学院建筑学院在2007年的住宅课程设计中特设置为期10周的"$<90m^2$，$-90m^2-$，$>90m^2$"课程设计。目的是探讨$90m^2$以下的小户型设计，以及设计上的灵活、可变性。

本次课题的基地我们选择了北京百万庄小区。这是一片模仿前苏联模式建设的，非常有特点的"双围合"式住宅区。建于1950年代，建筑师是张开济大师。

本次设计任务是：选择小区中的一栋住宅楼进行拆除、新建；新建住宅楼的城市肌理必须符合原有的小区结构；新建住宅的主要户型（建筑面积$90m^2$）在建筑中的比重应不低于70%；户型与户型之间（上下左右）应该具有灵活组合的可能性，重新组合前后的户型应该都满足现代居住的使用要求。

课程目的：

1. 了解集合住宅日照间距、容积率、绿化率等概念；
2. 基本掌握户内房间的功能、布局和结构关系；
3. 掌握不同户型之间的空间组合关系；
4. 探索在固定承重结构不变的前提下，户型组合和面积的灵活性与可变性。

设计基本条件（新建）：

1. 新建建筑高度和原有建筑保持一致，日照间距按1.7计算
2. 在保持原有户外绿化的前提下合理组织外部公共空间，绿地率达到30%
3. 停车位按每户一辆（1:1）计算，可以考虑地下停放
4. 面积$90m^2$的户型不少于住宅总量的70%（未经重新组合前）

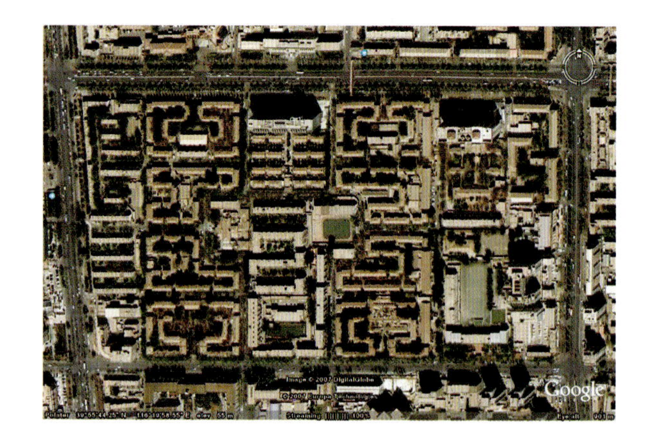

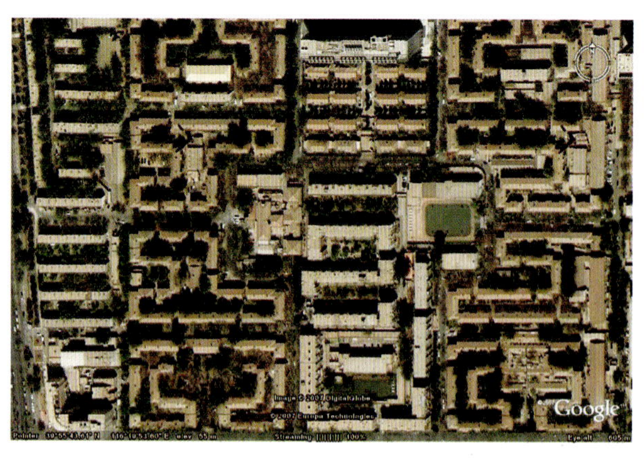

集合住宅设计 北京市百万庄小区住宅改建设计方案

指导教师 丘志 中央美术学院建筑学院 董雪

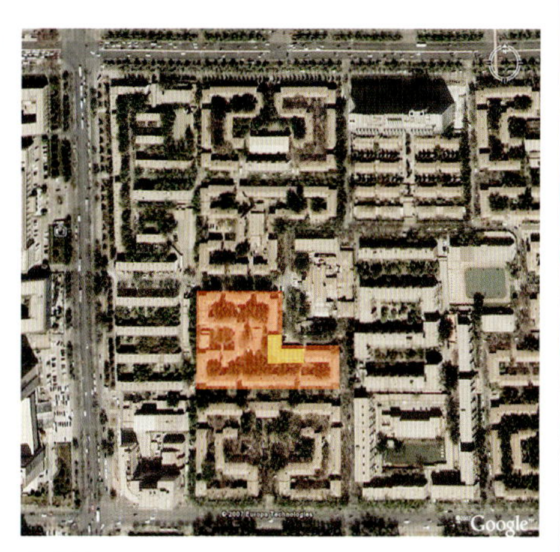

基地分析：基地位于西二环附近的百万庄三里河小区，属于北京比较老的社区之一。从地图中可以清晰地看到该小区的空间模式非常有特点——双围合式住宅区。小区分为二十四区，每一小区又围合形成了特有的相对独立的内部庭院。

绿化分析——该小区的树木较多，且大部分树龄较长，庭院中的树木高大茂盛，形成了一片片悬空的绿化。为小区营造出优美和谐的环境。成熟树木的点状分布在现代小区景观中比较少见，，在设计中应该尽量予以保留。

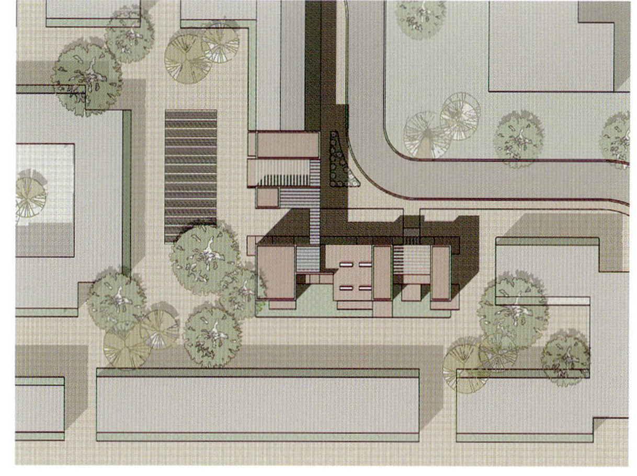

总平面图

我所选择的区域北侧靠近小区内的道路，南侧与西侧面对内部的庭院，具有良好的环境和景观。

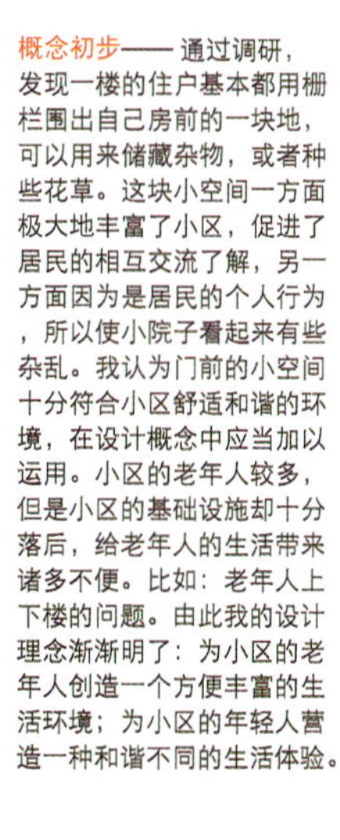

概念初步——通过调研，发现一楼的住户基本都用栅栏围出自己房前的一块地，可以用来储藏杂物，或者种些花草。这块小空间一方面极大地丰富了小区，促进了居民的相互交流了解，另一方面因为是居民的个人行为，所以使小院子看起来有些杂乱。我认为门前的小空间十分符合小区舒适和谐的环境，在设计概念中应当加以运用。小区的老年人较多，但是小区的基础设施却十分落后，给老年人的生活带来诸多不便。比如：老年人上下楼的问题。由此我的设计理念渐渐明了：为小区的老年人创造一个方便丰富的生活环境；为小区的年轻人营造一种和谐不同的生活体验。

由于本小区年代久远，在此居住的多为老北京原住民，所以整个小区的邻里关系十分重要。现存小区缺乏规划合理的公共空间，应当注重交流空间的设计，促进居民之间的沟通。居民的生活需求小区基本可以满足，多为个体摊位，许多老年人偏爱这种购物方式，可以适当保留。同时应积极考虑方便老年人的设计。

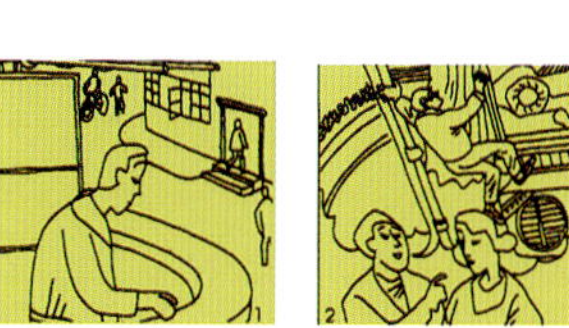

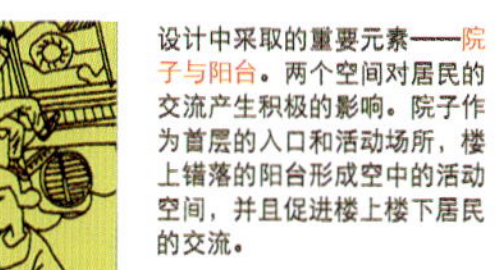

设计中采取的重要元素——院子与阳台。两个空间对居民的交流产生积极的影响。院子作为首层的入口和活动场所，楼上错落的阳台形成空中的活动空间，并且促进楼上楼下居民的交流。

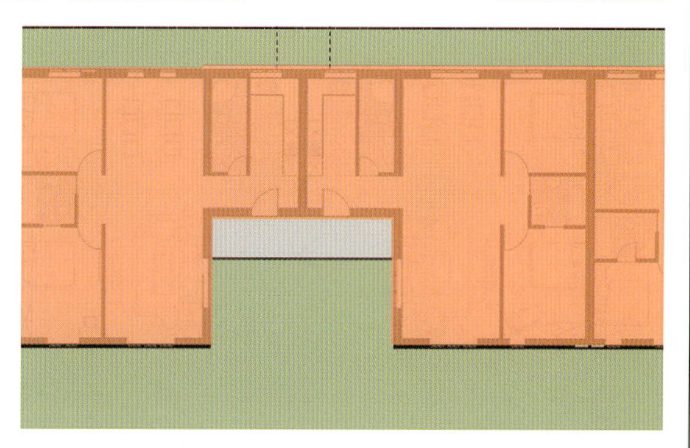

集合住宅设计 北京市百万庄小区住宅改建设计方案

指导教师 丘志 中央美术学院建筑学院 董雪

户型平面图 A

A户型——90 m² 的两室一厅结构。适合老年夫妻与子女同住。

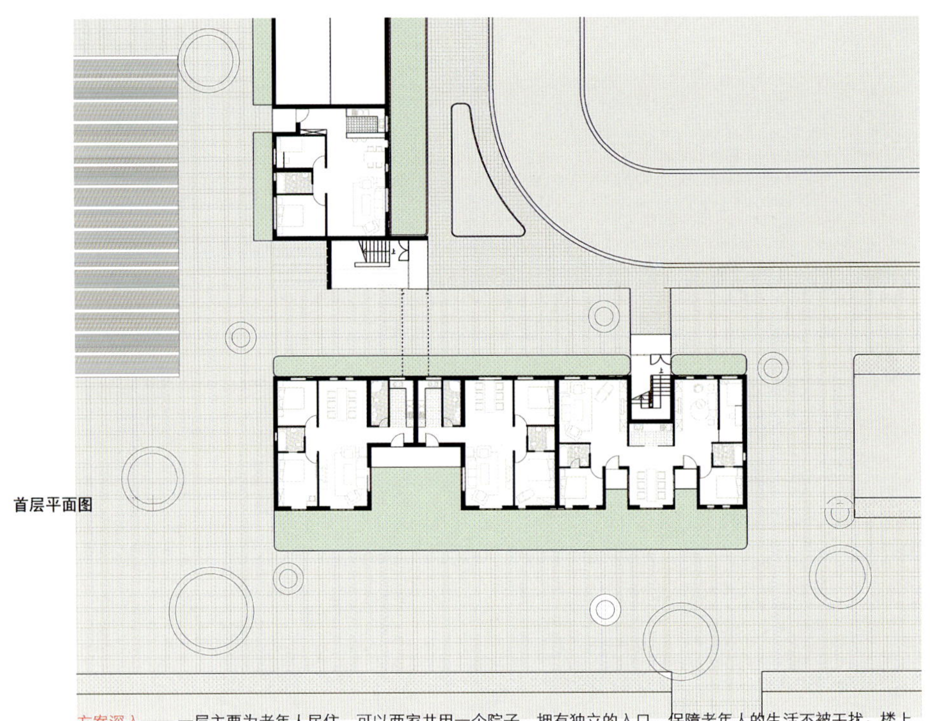

首层平面图

方案深入——一层主要为老年人居住，可以两家共用一个院子，拥有独立的入口，保障老年人的生活不被干扰。楼上主要为年轻人设计，在户型上多采用跃层结构，给居住者提供更有趣的空间体验。

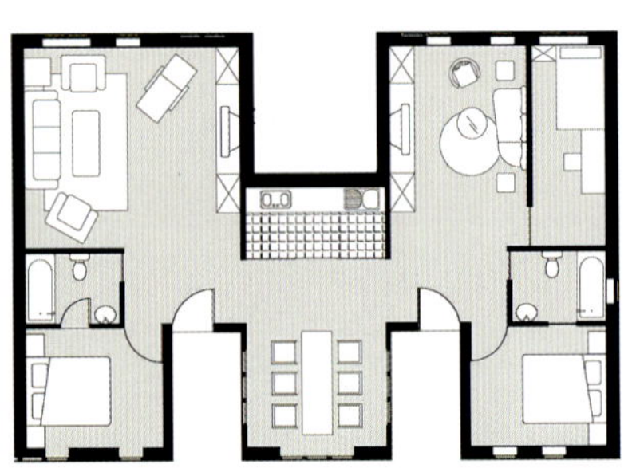

户型平面图 B

B户型——115 m²（54 m² + 61 m²），适合已婚子女与父母同住，可以分开购买。中间公用的厨房与餐厅，将两户分开来，既不互相影响也方便子女照顾老人。

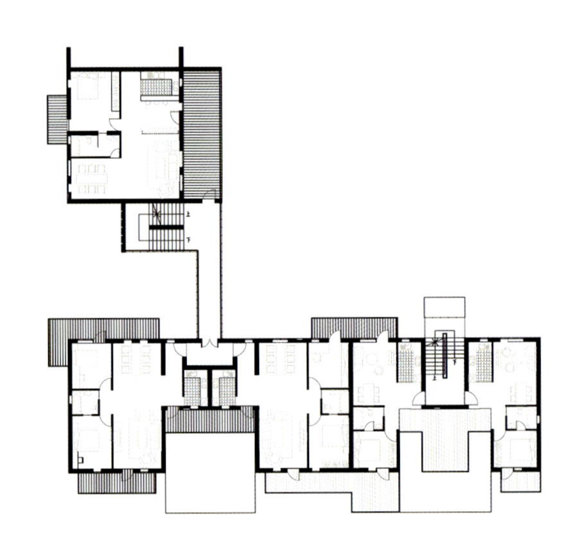

贰层平面图

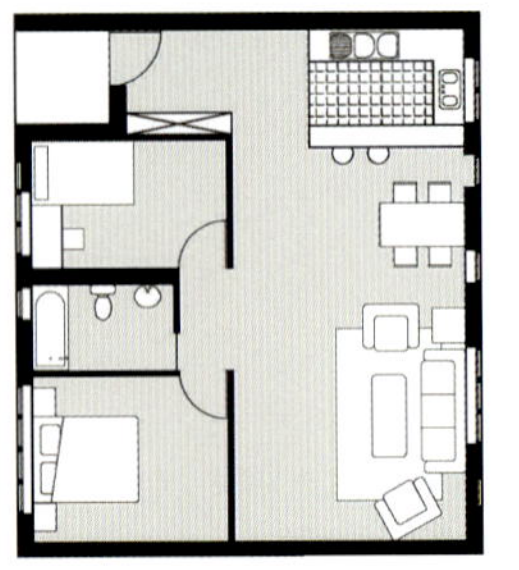

户型平面图 C

C户型——85 m² 两室一厅，满足一家三口的需要。

户型平面图 D

D户型——47 m² 经济小户型

模型照片

指导教师 丘志 中央美术学院建筑学院 董雪

E户型——90 m²，拥有宽敞的起居室与厨房。户外独立观景阳台。

户型平面图 E

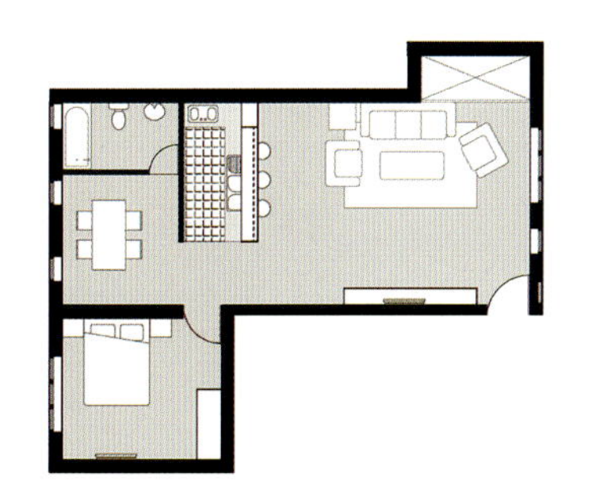

F户型——79 m²

户型平面图 F

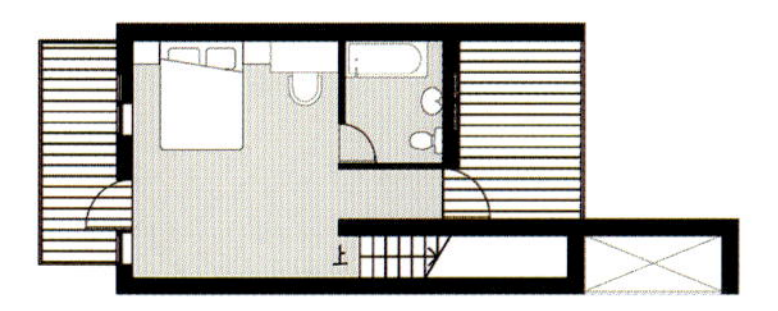

G1户型——32 m²，G1为跃层结构，可以上下两户分开买，也可以G1+G2，这样获得一个更舒适的空间。

户型平面图 G1

户型平面图 G2

G2户型——65 m²

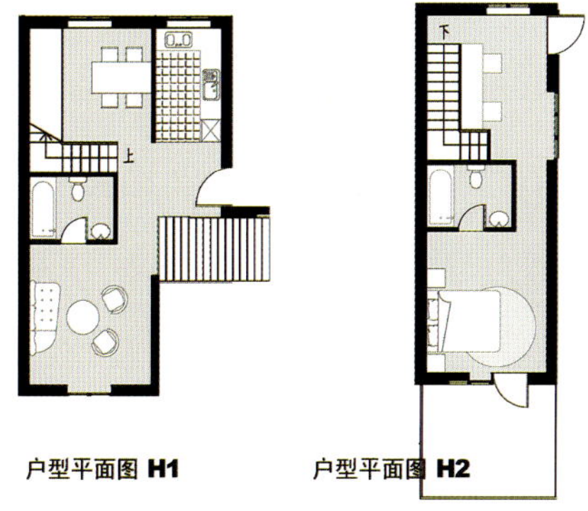

户型平面图 H1 户型平面图 H2

H1户型——47 m²，跃层结构，适合时尚的年轻人，H2灵活组合。拥有视野开阔的屋顶大露台。

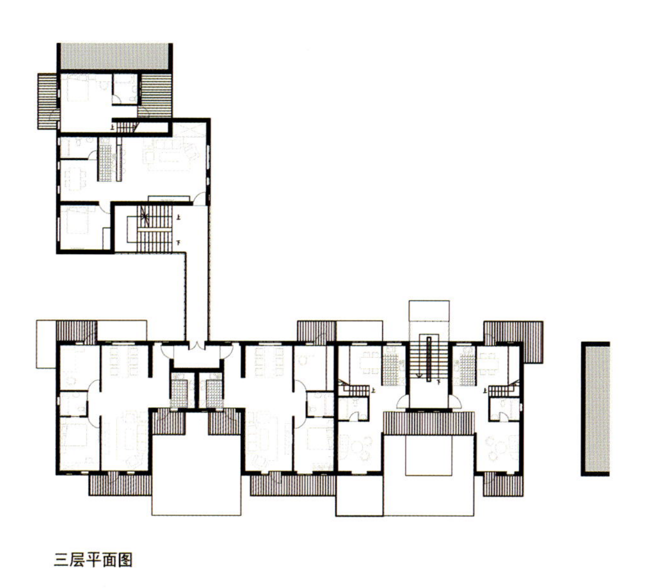

三层平面图

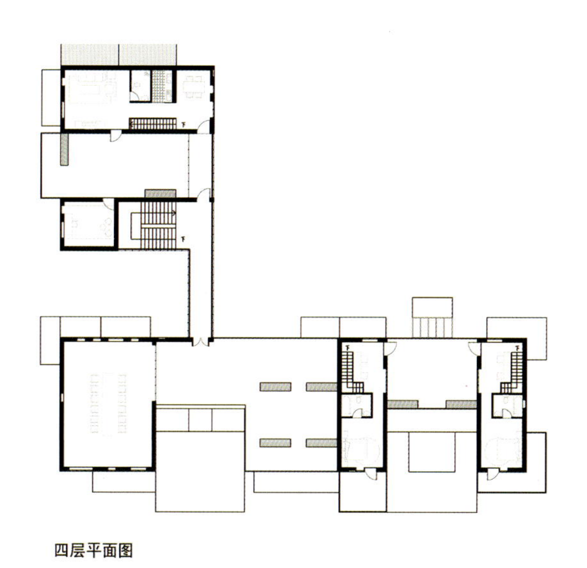

四层平面图

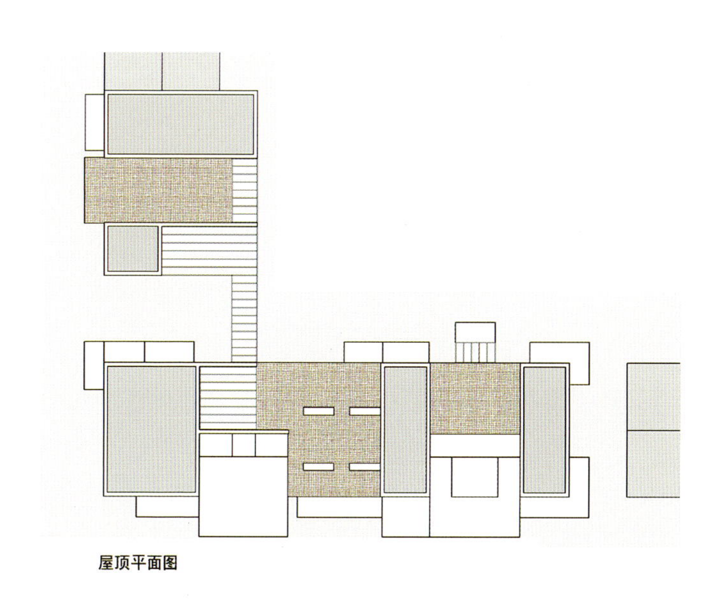

屋顶平面图

集合住宅设计 北京市百万庄小区住宅改建设计方案

指导教师 丘志 中央美术学院建筑学院 董雪

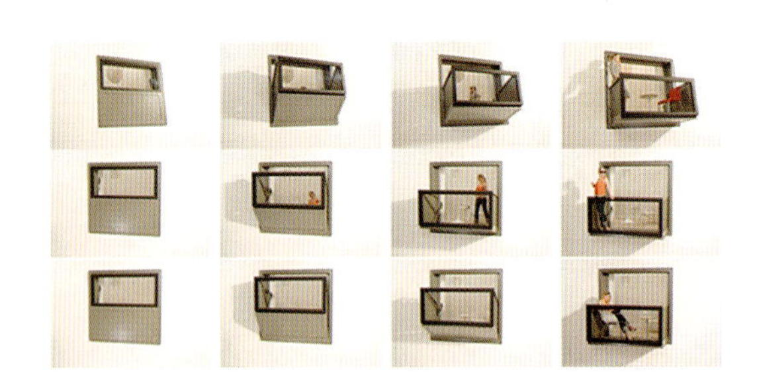

立面之阳台——小区的具有良好的自然环境，所以我把阳台设计成开放式，而且上下错落。这样极大促进了居民在日常生活中的交流。阳台应该是一个浪漫的地方，一个很多故事发生的地方，因为它是开放的，也许你在看风景，看风景的人也在看你。

效果图——从阳台看小区环境。

研究性透视

南立面图

北立面图

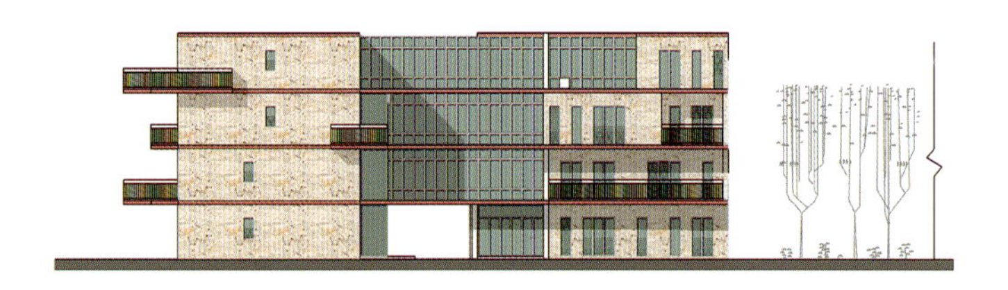

东立面图

西立面图

1-1剖面图

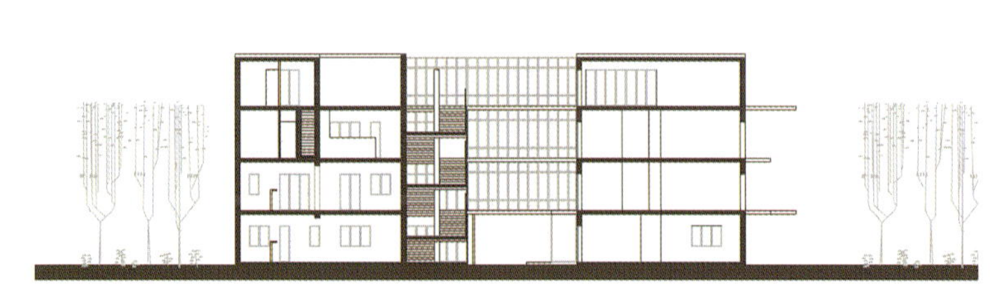

2-2剖面图

集合住宅设计 北京市百万庄小区住宅改建设计方案

指导教师 丘志 中央美术学院建筑学院 董雪

透视表现图

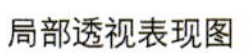

局部透视表现图

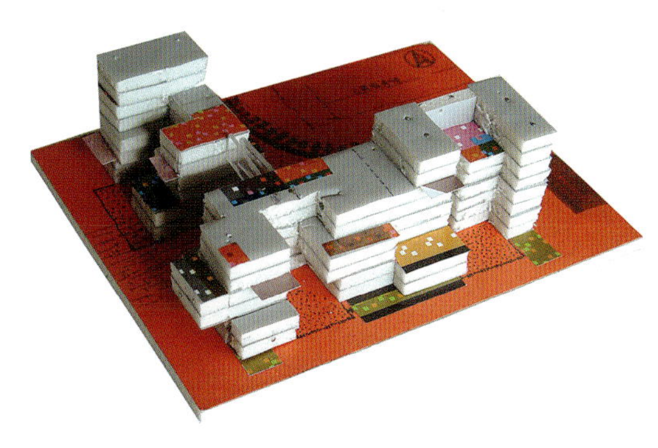

工作草模型

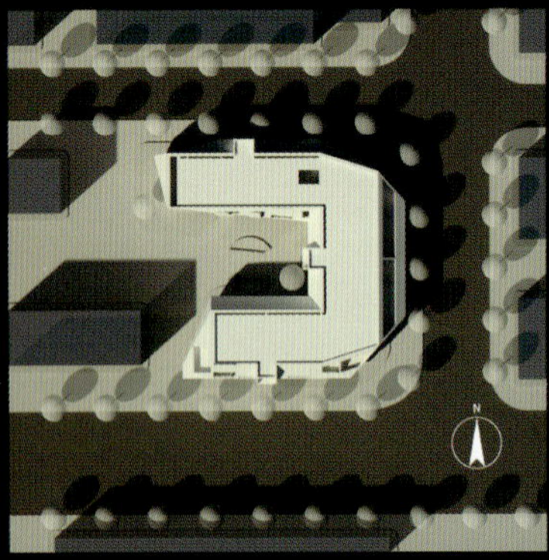

总平面图

空间装甲

ARMOR of SPACE

指导老师　苏勇　　学生　张爽

上世纪50年代建成的北京第一个集合住宅小区经历过辉煌的时代，不论从设计的水平到施工质量，还是建成之后居住者的身份地位与世人的评价，历史给予了这个地方独特的奖赏。或许在现在看来，建筑本身已经不再有吸引力，但是因为发生在其中的故事，经历的时光以及太多的回忆，所以小区在历史中有着特殊的地位。而现在，曾经高档的住宅与优越的居住条件已经过时，狭小的空间远不能满足人们的需要，曾经引以为傲的住宅，现在已经成为了拥挤的环境，但是因为过去的辉煌，美好的回忆，人们对这里还有留恋，更是惋惜。所以，新的设计，目的让小区恢复往日的荣耀，要找回曾经独一无二的地位，新设计所需要保留的，不是红砖，不是加固用的圈梁，而是独特的空间，那种作为在这里居住所拥有的自豪感。

通过增加一层外壳，来达到增加空间的作用，并且留有原来建筑空间的基本形态，与基地相吻合。在功能上满足了需要之后，外观上自然留下了类似于装甲的造型，可封闭，可开启，薄弱的环节都做了特殊的处理，力求营造既舒适又富有个性的空间。

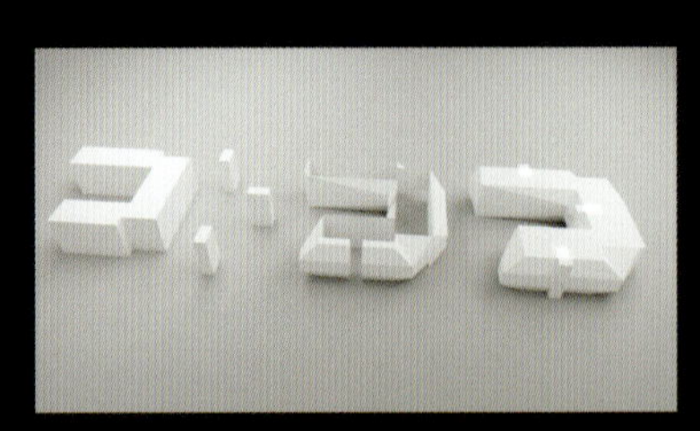

原始建筑+交通空间+装甲=新建筑

原始的建筑形态完整保存，只拆掉外墙，最初的打算是在原有的户型上做生长空间，这样建筑或许更加有趣，装甲生于建筑，概念更清晰。但在有限的条件下，也为了更自由的设计，保存的只是建筑的形态与交通空间。

完成后的形态结合内部空间需求继续做调整。

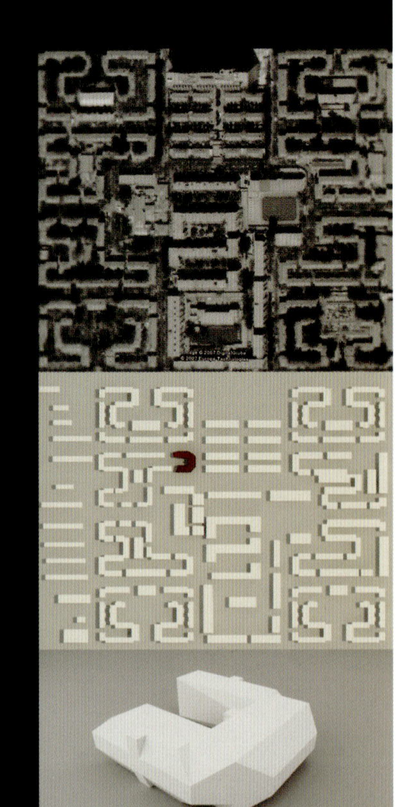

庭院空间分析，因为在原始建筑增加"装甲之后，势必对其他建筑产生排挤，所以在开窗方面决定采取减少体量感的处理。

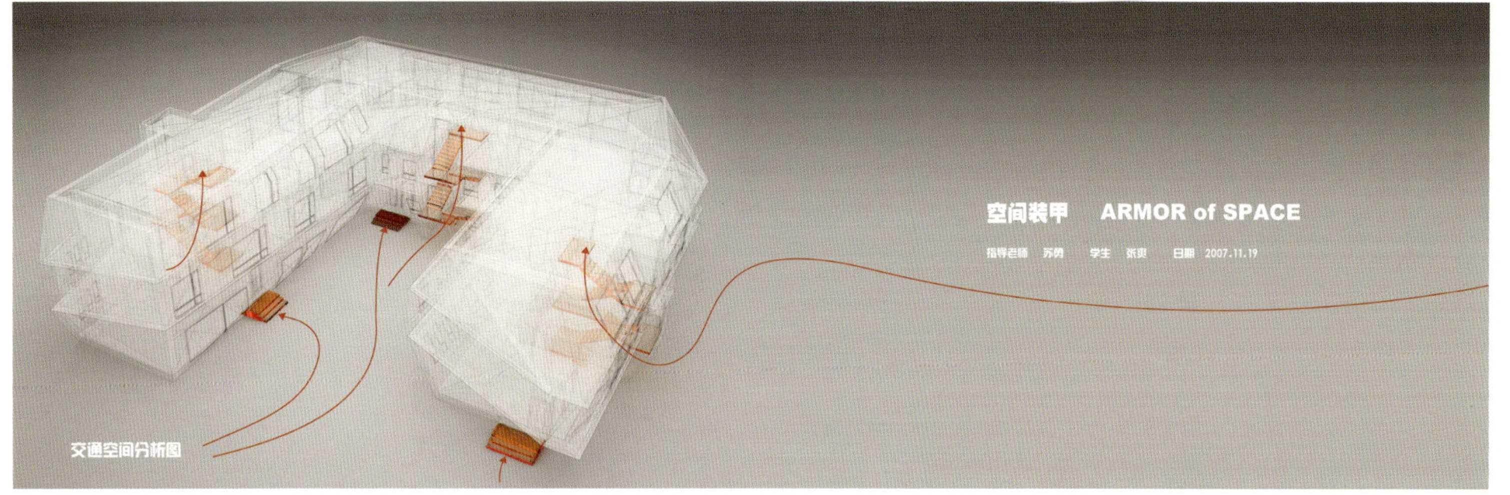

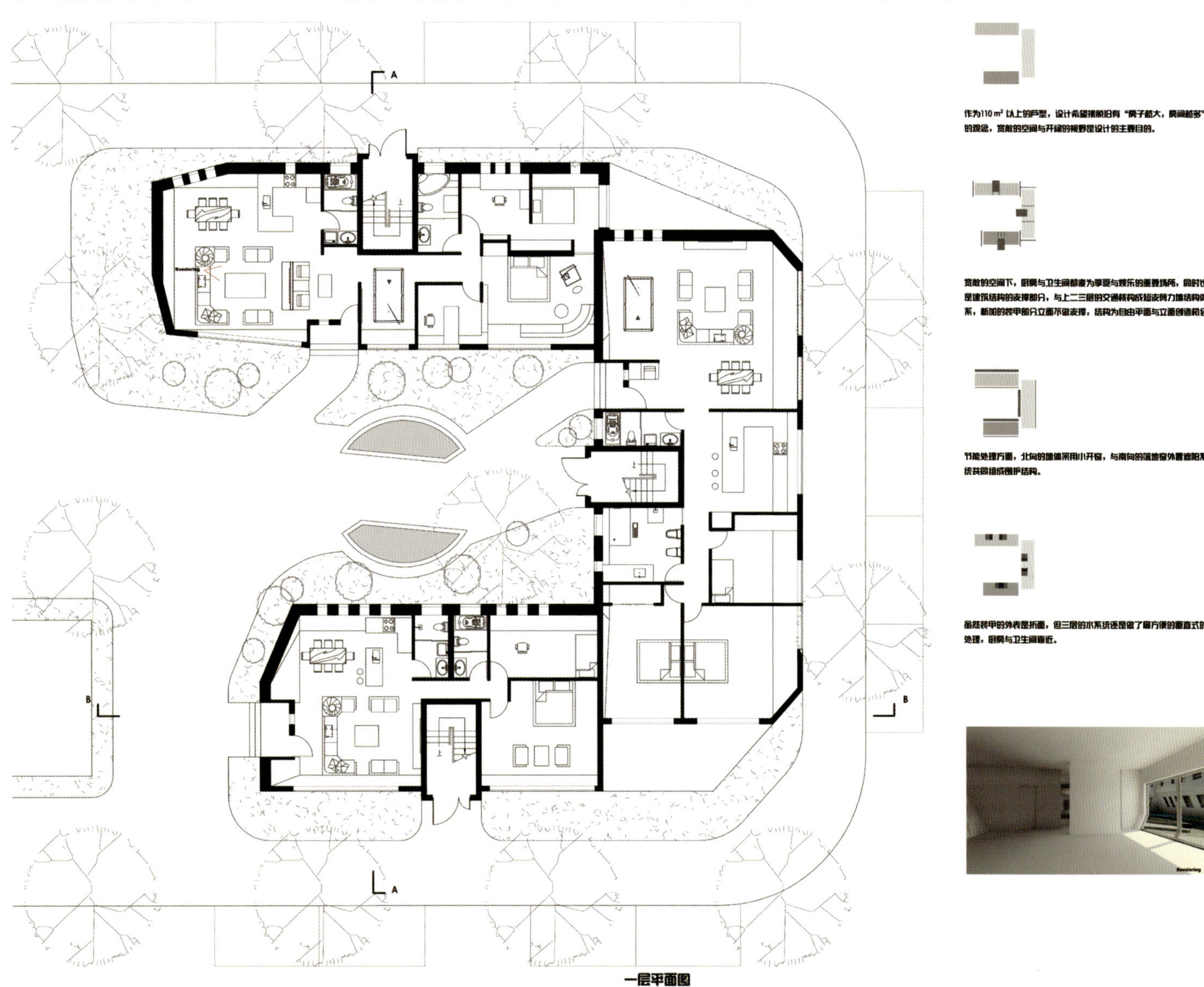

一层平面图

作为110 m² 以上的户型，设计希望摆脱旧有“房子越大，房间越多”的观念，宽敞的空间与开阔的视野是设计的主要目的。

宽敞的空间下，厨房与卫生间都变为享受与娱乐的重要场所，同时也是建筑结构的支撑部分，与上二三层的交通核构成短支剪力墙结构体系，新加的装甲部分立面不做支撑，结构为自由平面与立面创造机会。

节能处理方面，北向的墙体采用小开窗，与南向的落地窗外置遮阳系统共同组成围护结构。

虽然装甲的外表是折面，但三层的水系统还是做了最方便的垂直式的处理，厨房与卫生间靠近。

Rendering

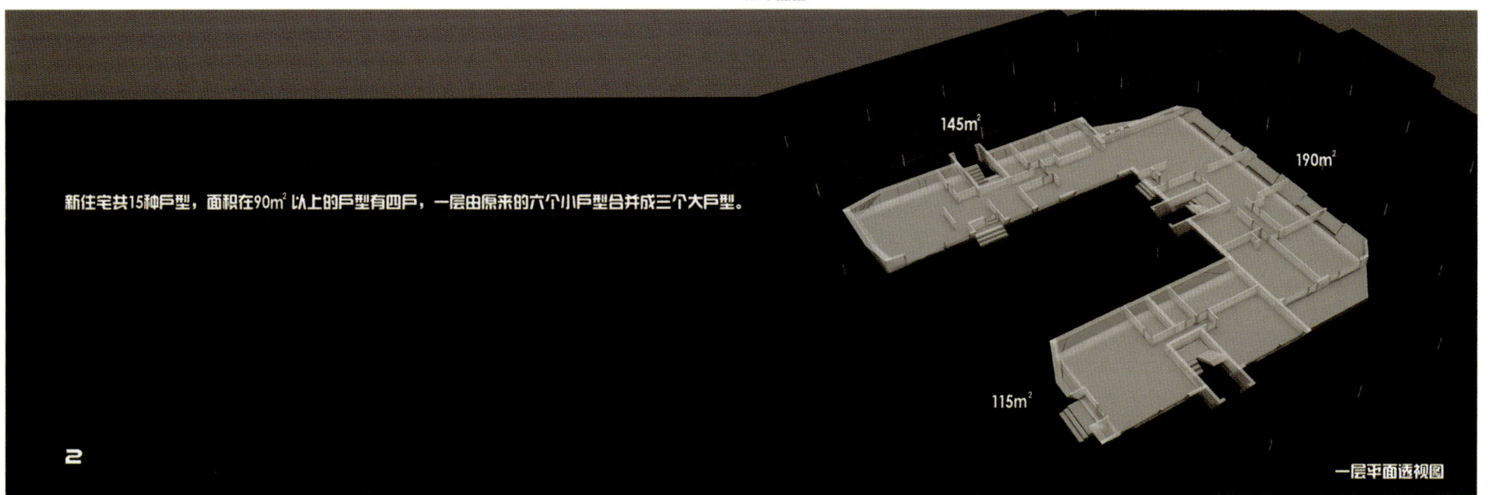

新住宅共15种户型，面积在90m² 以上的户型有四户，一层由原来的六个小户型合并成三个大户型。
145m²
190m²
115m²
2

一层平面透视图

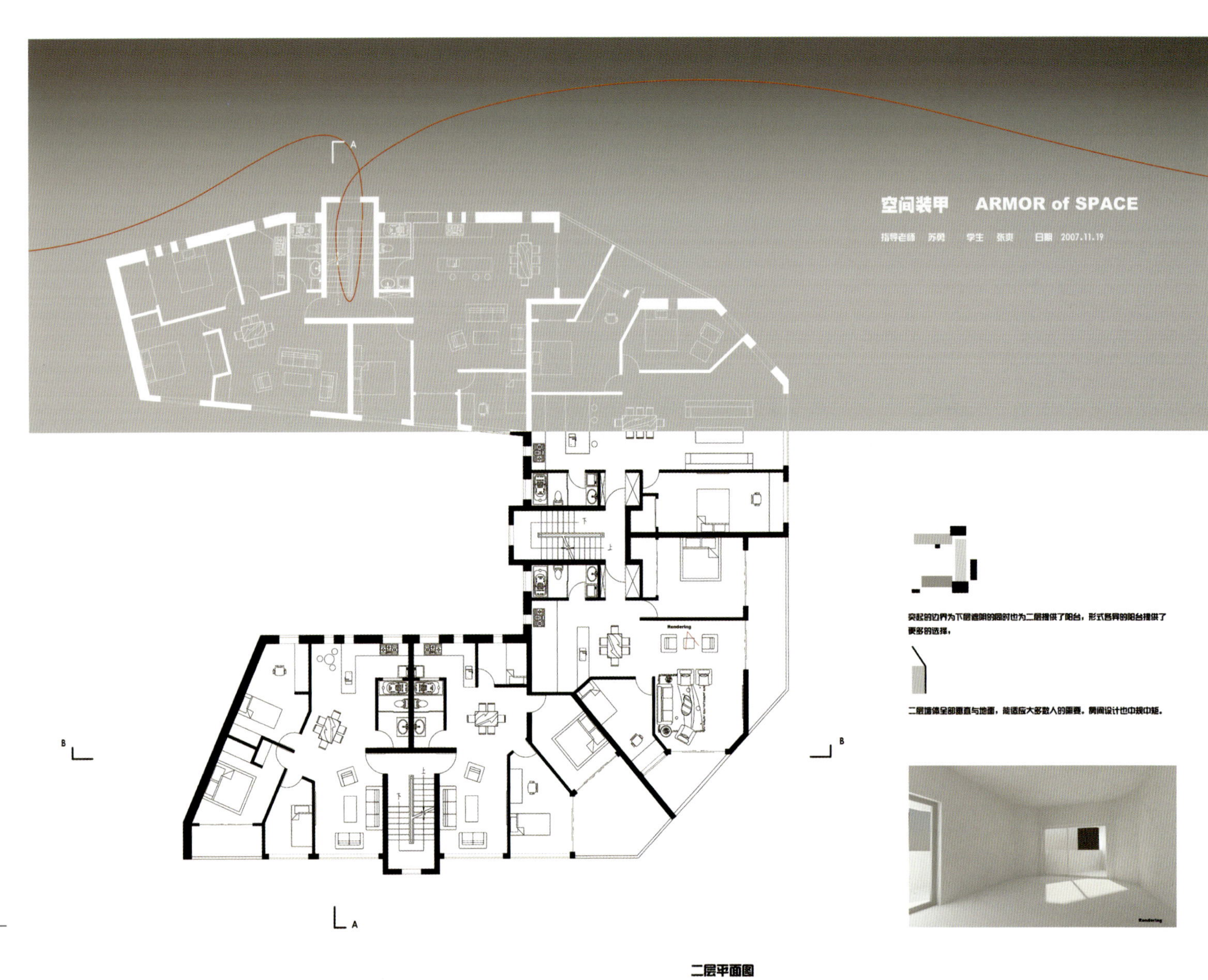
空间装甲　ARMOR of SPACE
指导老师　苏勇　学生　张爽　日期　2007.11.19
A
B
B
A
Rendering
突起的边界为下层遮阴的同时也为二层提供了阳台，形式各异的阳台提供了更多的选择，
二层墙体全部垂直与地面，能适应大多数人的需要。房间设计也中规中矩。
Rendering

二层平面图

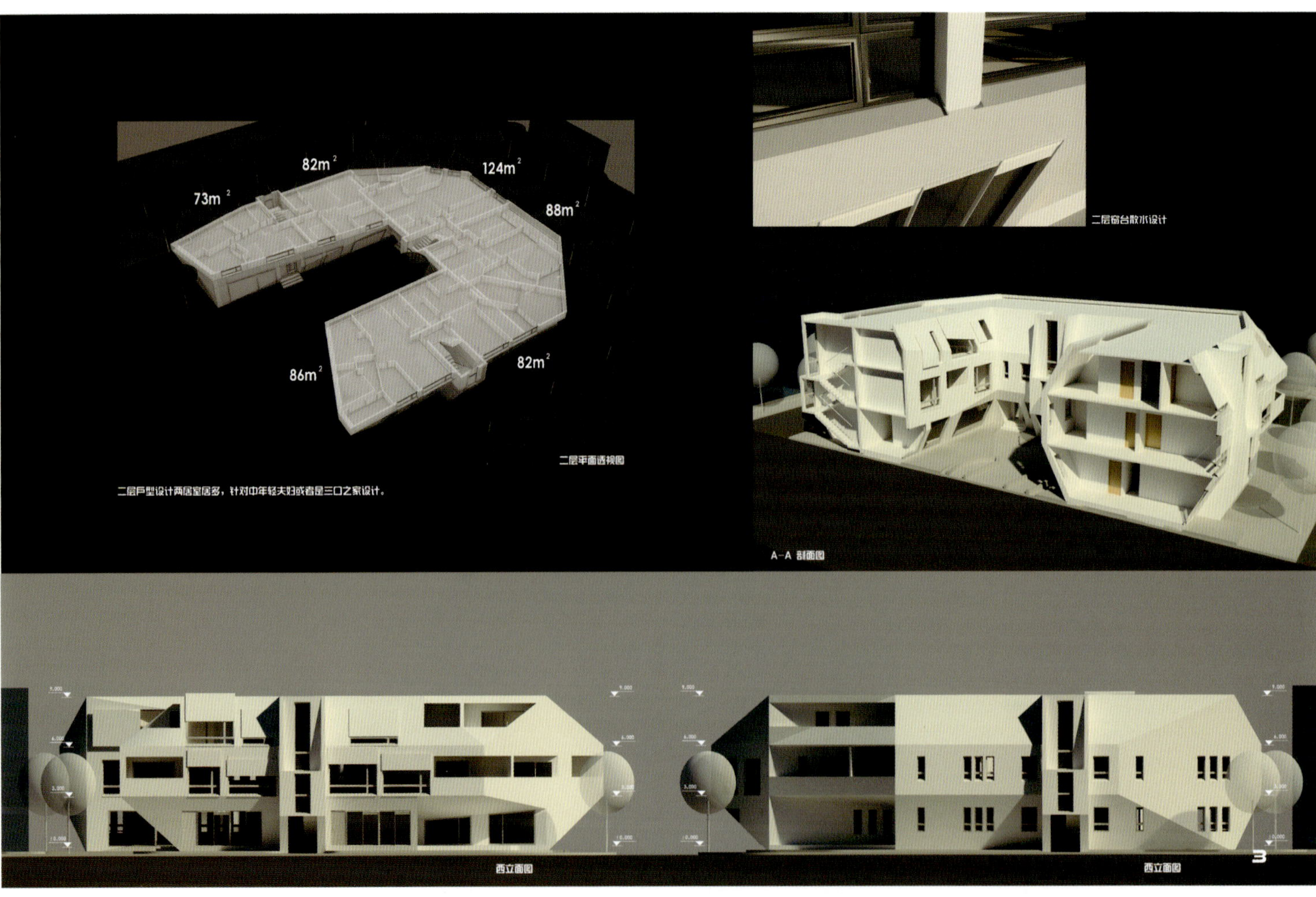
73m²
82m²
124m²
88m²
86m²
82m²
二层平面透视图
二层户型设计两居室居多，针对中年轻夫妇或者是三口之家设计。
二层窗台散水设计
A-A 剖面图
西立面图
西立面图
3

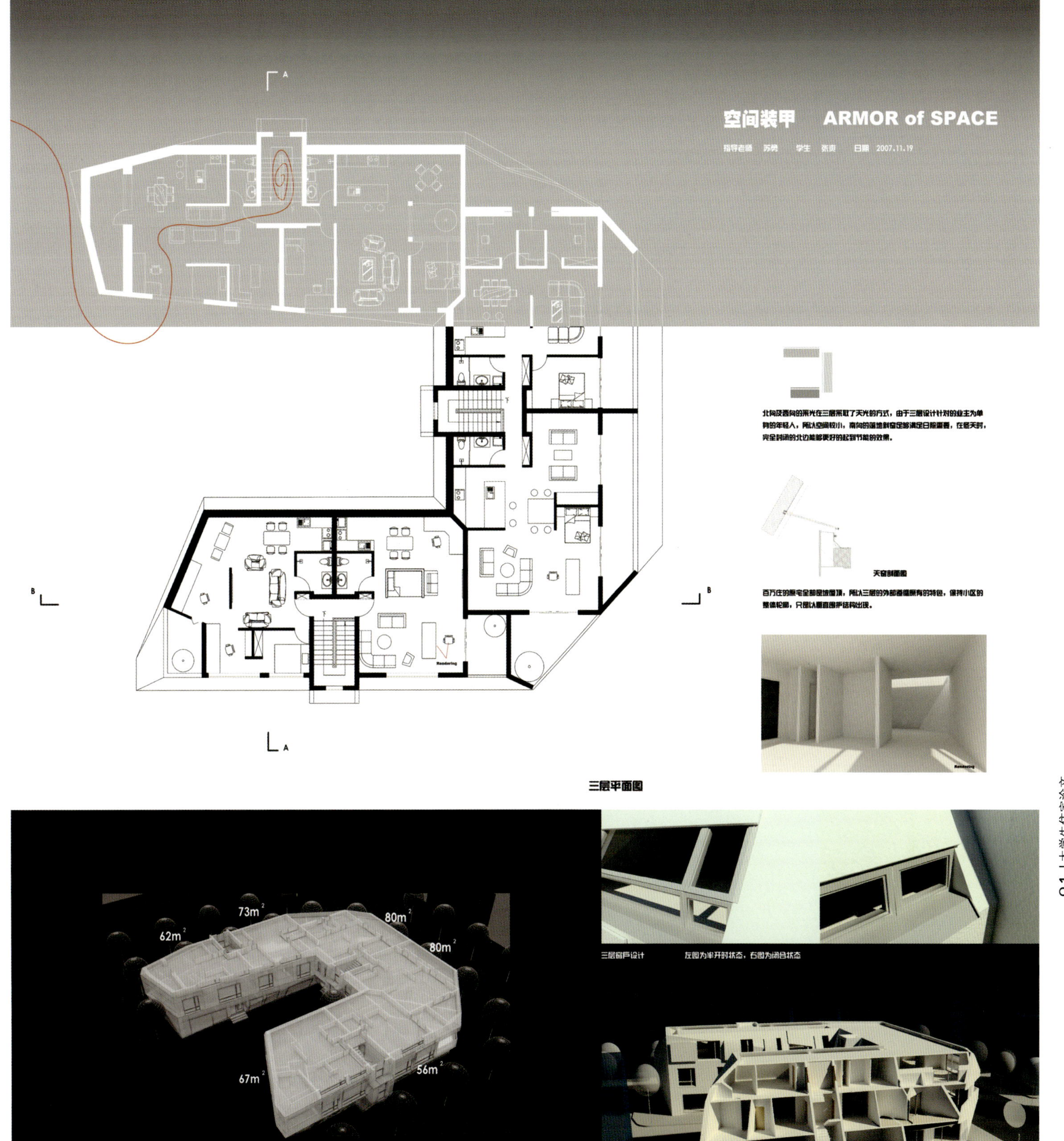

北向及西向的采光在三层采取了天光的方式，由于三层设计针对的业主为单身的年轻人，所以空间较小，南向的落地斜窗足够满足日照需要，在冬天时，完全封闭的北边能够更好的起到节能的效果。

天窗剖面图

百万庄的原宅全部是坡屋顶，所以三层的外部遵循原有的特色，保持小区的整体轮廓，只是以垂直围护结构出现。

三层平面图

三层平面透视图

三层设计小户型居多，都是比较独特的空间，北向西向天窗采光，南向为可移动全遮蔽式遮阳板设计落地窗，

三层窗户设计 左图为半开时状态，右图为闭合状态

B-B 剖面图

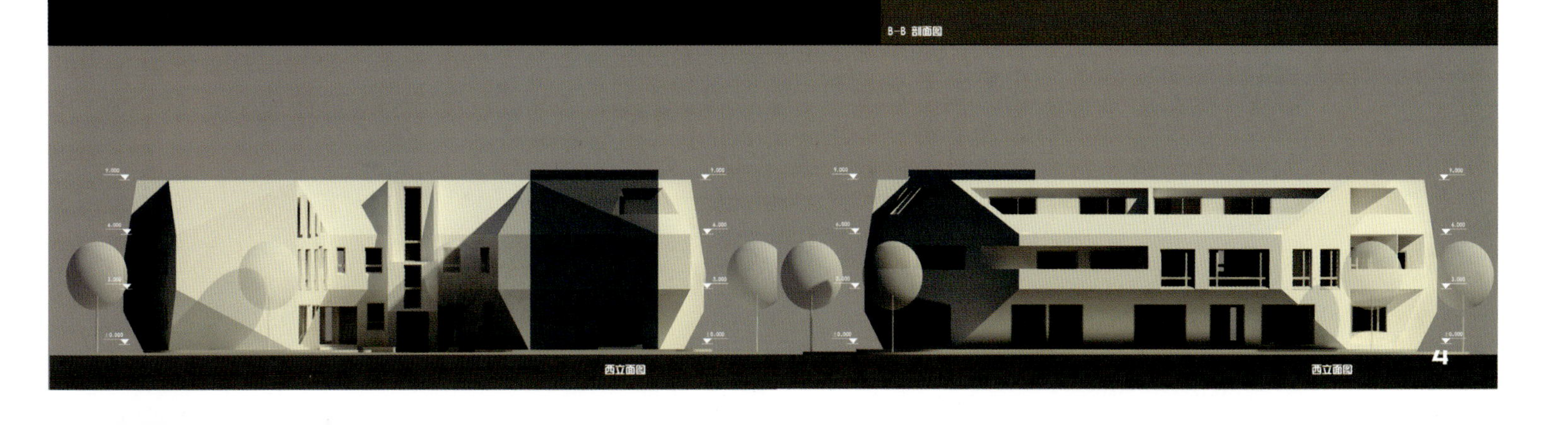

西立面图 西立面图

集合住宅设计

指导教师：苏勇　　学生：贾明洋

Multiple Dwelling

百万庄小区位于北京市西城区三里河路东侧。小区外部交通便利，内部交通较为完整。但由于小区修建于
交通发展状况考虑不足，使得小区内部道路过窄，不适宜车行，对小区居民使用造成一定困难。原有道路规
致小区内车辆沿路停放，使本就不宽的小区内道路更难以通行。同时，过多的出口设置而缺乏保安管理，使
小区设计采用双围合形式，几个单元构成各自的院落。区内绿化覆盖面积大，但规划布局略闲局促，由于常
的配套设施，小区公共院落利用率并不高。底层住户往往各自随意圈占改造楼前公共绿地，使小区内规划混
被挤占、公共庭院没有得到良好运用等问题。

综合以上调查结果，解决方向如下：增加停车、储物空间；整合小区内部交通、出口；将庭院景观按照私密
确划分；户型着重考虑原住户各年龄段不同需求。

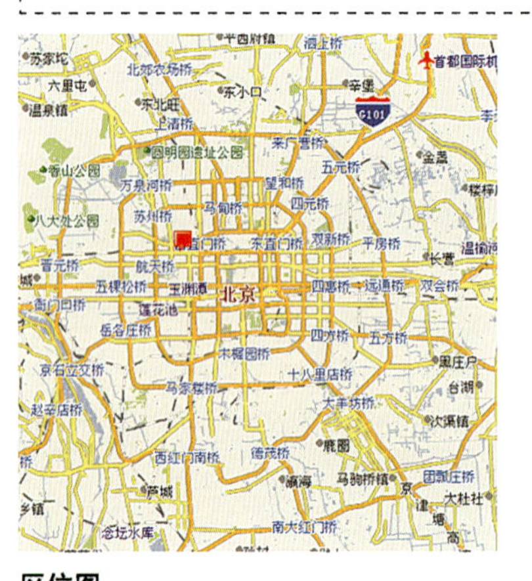

区位图

城市肌理

小区原有景观

小区停车

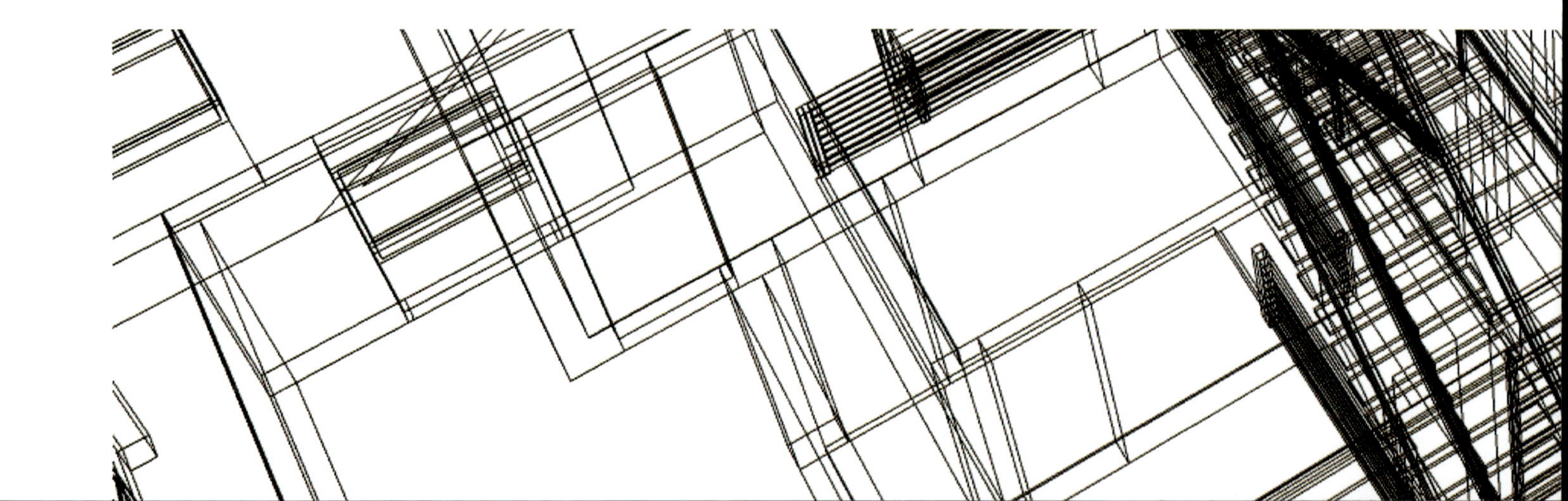

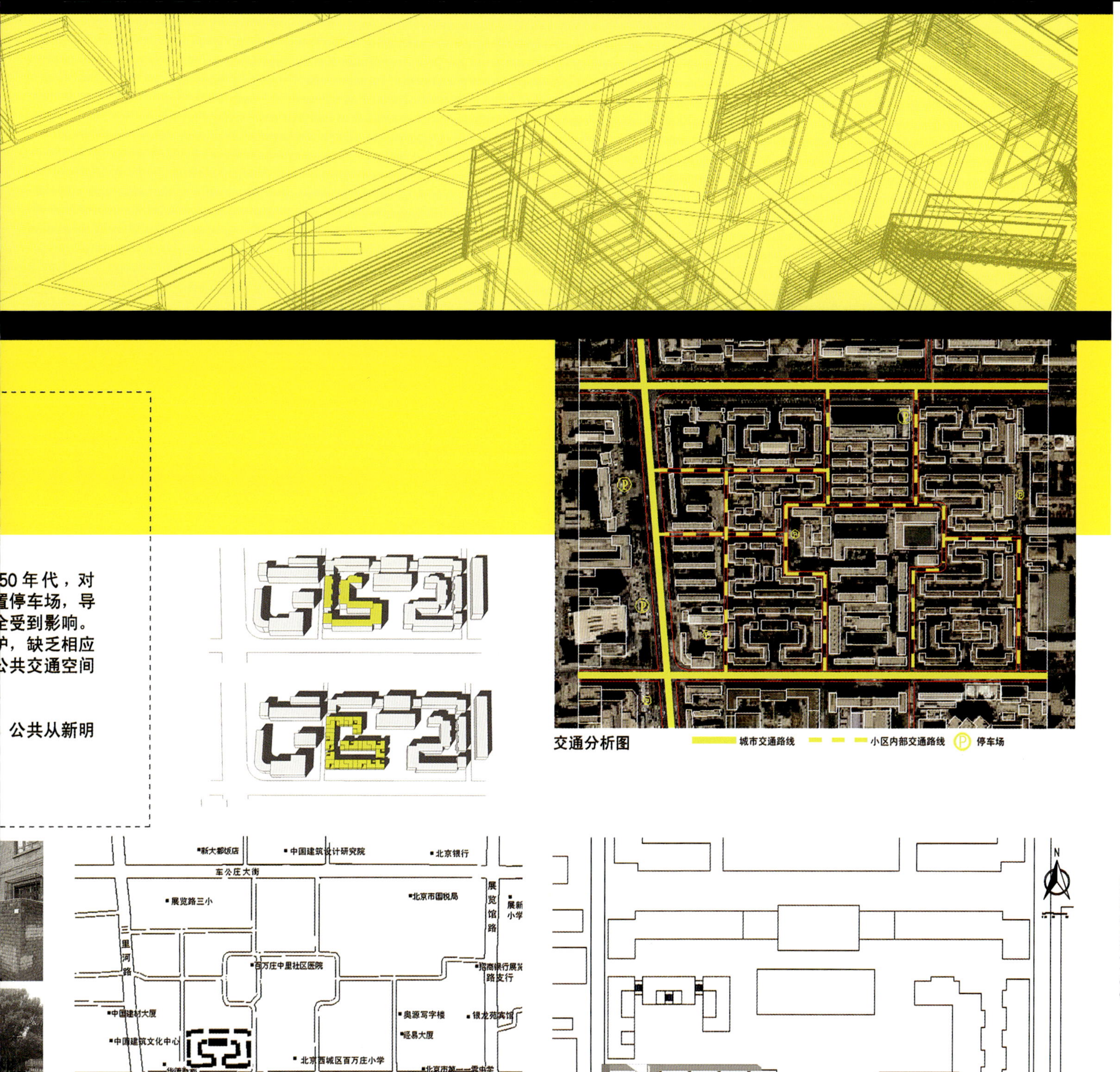

50年代，对
置停车场，导
全受到影响。
护，缺乏相应
公共交通空间

公共从新明

交通分析图　城市交通路线　小区内部交通路线　Ⓟ 停车场

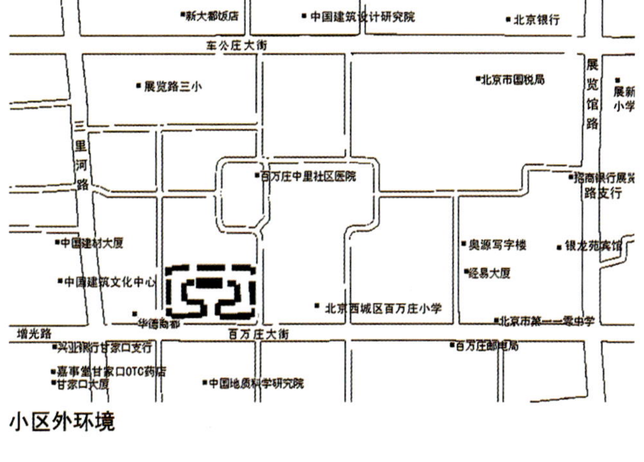

小区外环境

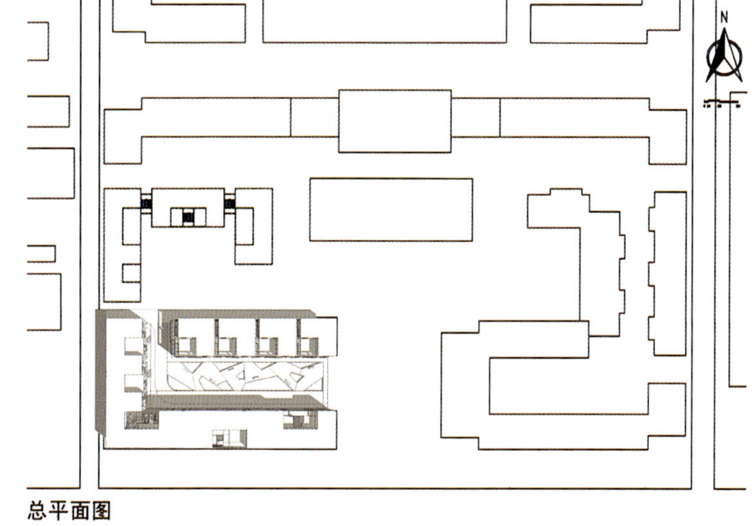

总平面图

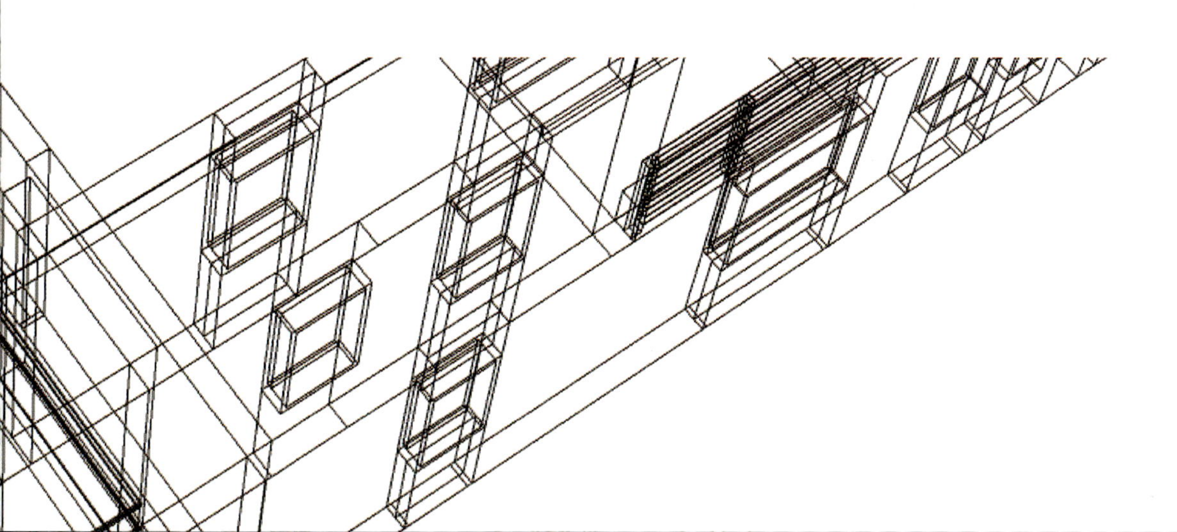

ichnography

设计说明：

总建筑面积为3592.51m² ，共38户，其中90m² 以下小户型为
2350.08m² 。占总面积的76.9%。
根据基地原有条件限制，设计采用L型作为主要户型平面，以
角度住户都至少有一个房间采光良好。同时通过户型的排列变
多变的空间组合，提供多种空间选择。同时明确划分空间的私
决原有景观功能混乱的问题。

居住环境与居民生活质量直接相关。居住区空间环境的绿化，
为了满足绿化率。通过绿色住宅、生态住宅的概念使住宅与环
住宅每层每户门口，都设有有绿化小品。但绝不单调乏味的重
而是根据户型变化，居民需求而发生变化。植被的附着物，可
屋建造过程中剩余的木屑。

90m² 以下小户形

小户型A　轴线面积46.07 m²

0 1M 3M 5M

小户型B　轴线面积69.12 m²

小户型C　轴线面积74.78 m²

户型组合

不同的
产生可

庭院的
交流产

①完全
提供交

②虚隔
交流性

③完全
无交流

④阻断
有交流

三层平面图

0 1M 3M 5M

N

1 1

2 2

首层平面图

0 1M 3M 5M

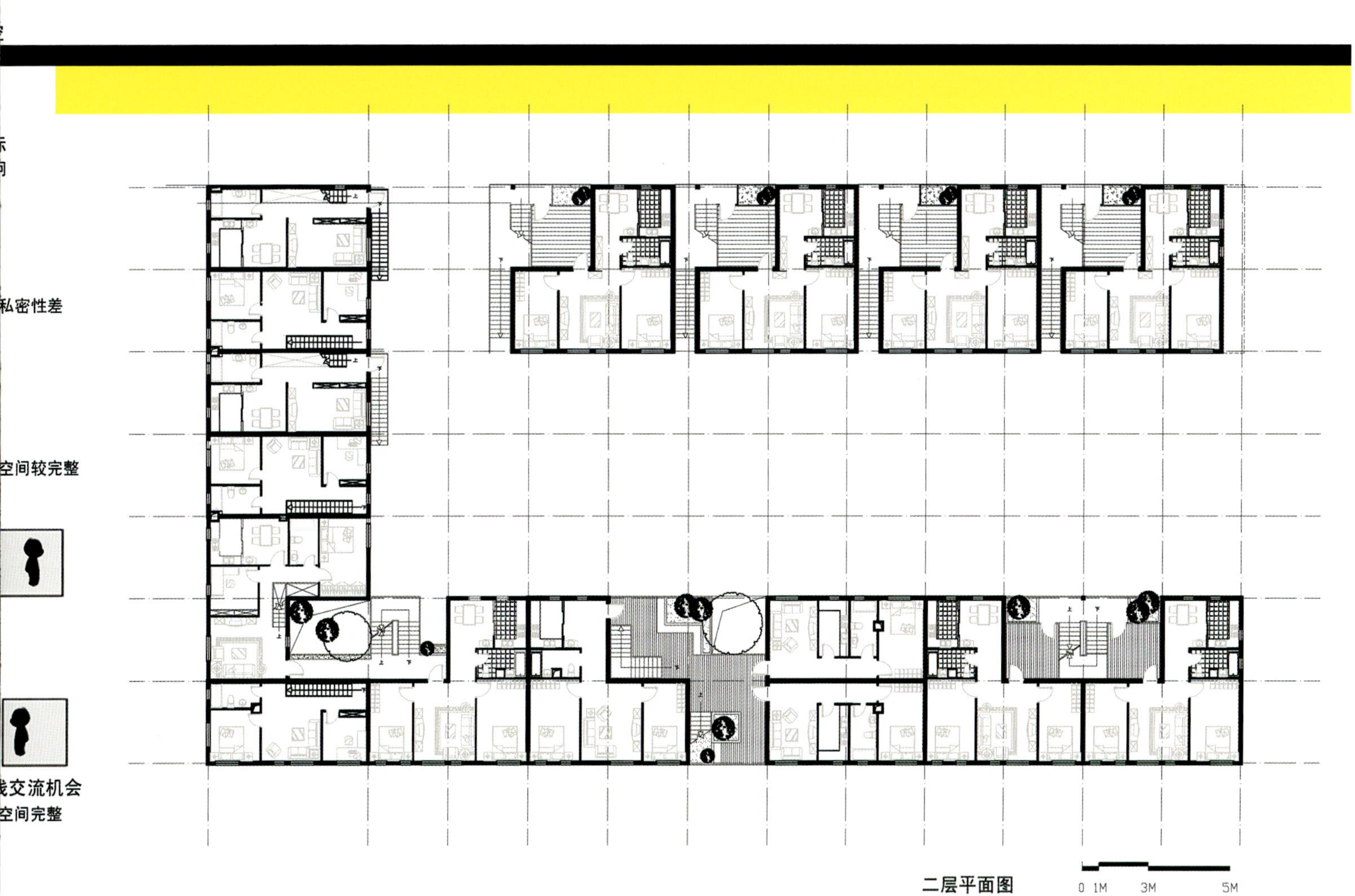

二层平面图

0 1M 3M 5M

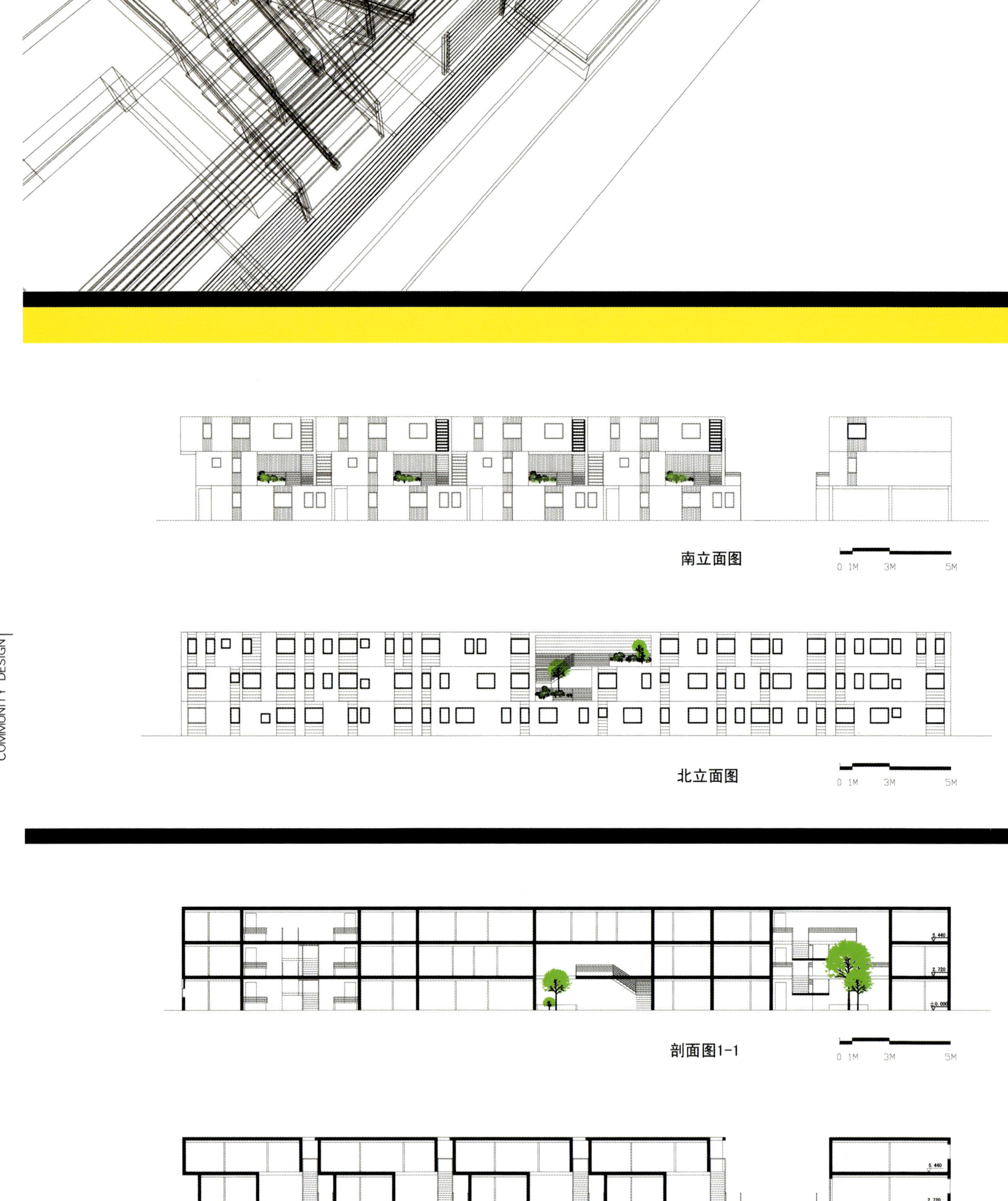
南立面图
0 1M 3M 5M
北立面图
0 1M 3M 5M
5.440
2.720
±0.000
剖面图1-1
0 1M 3M 5M
5.440
2.720
±0.000
剖面图2-2
0 1M 3M 5M

analyse

立面分析：
所选基地位于百万庄小区卯区，西南两个立面沿城市干道。设计为较封闭立面。北立面与另一居住区相临，设计为可通行立绵，使两个院落可以相互交流融合，同时景观也可以互为借景。在北向和东向分设两个出入口。其中北向与相临院落共用，使整个小区道路更流畅。

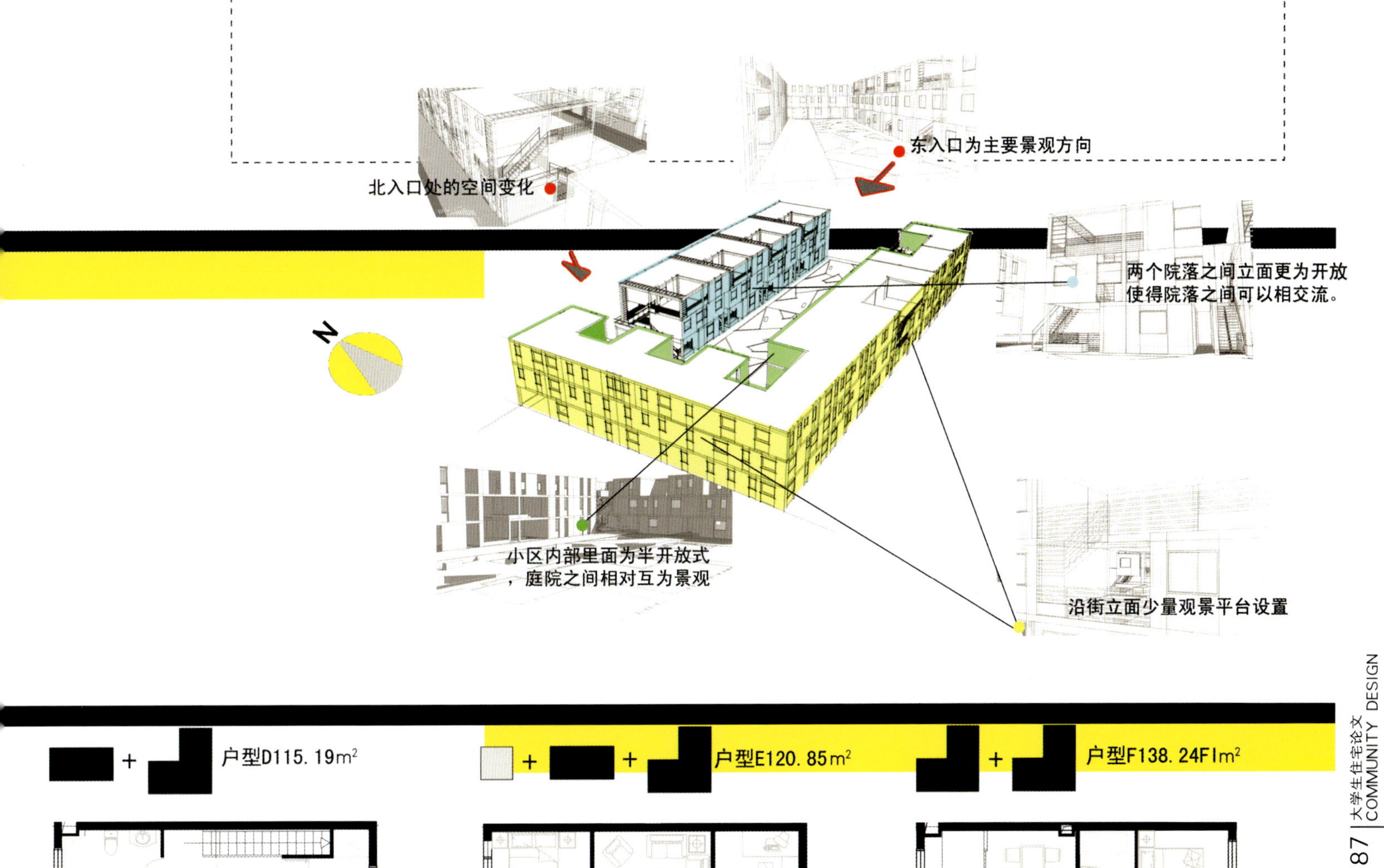

东入口为主要景观方向
北入口处的空间变化
两个院落之间立面更为开放
使得院落之间可以相交流。
小区内部里面为半开放式
，庭院之间相对互为景观
沿街立面少量观景平台设置
N

户型D115.19m²
户型E120.85m²
户型F138.24Flm²
上
下
0 1M 3M 5M

③

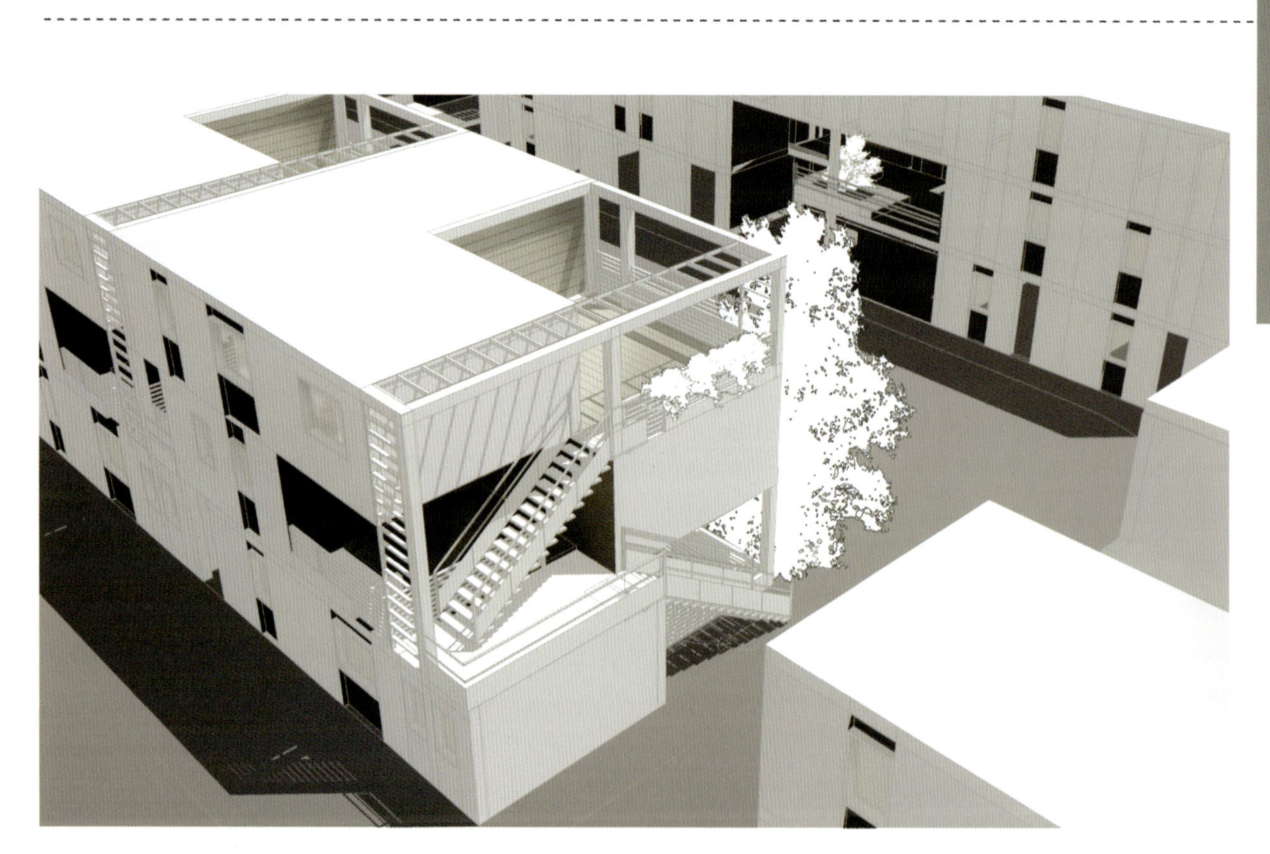

②

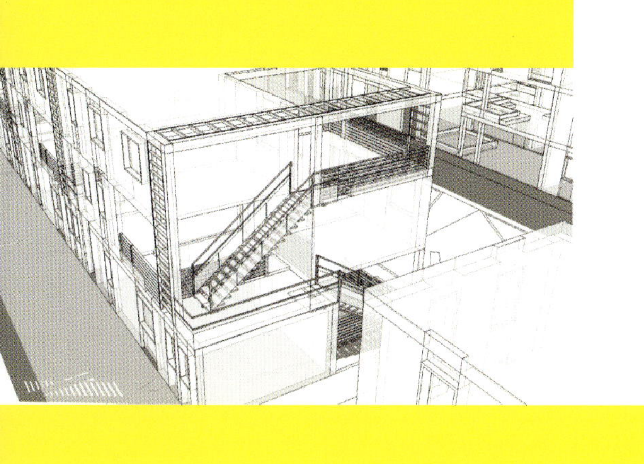

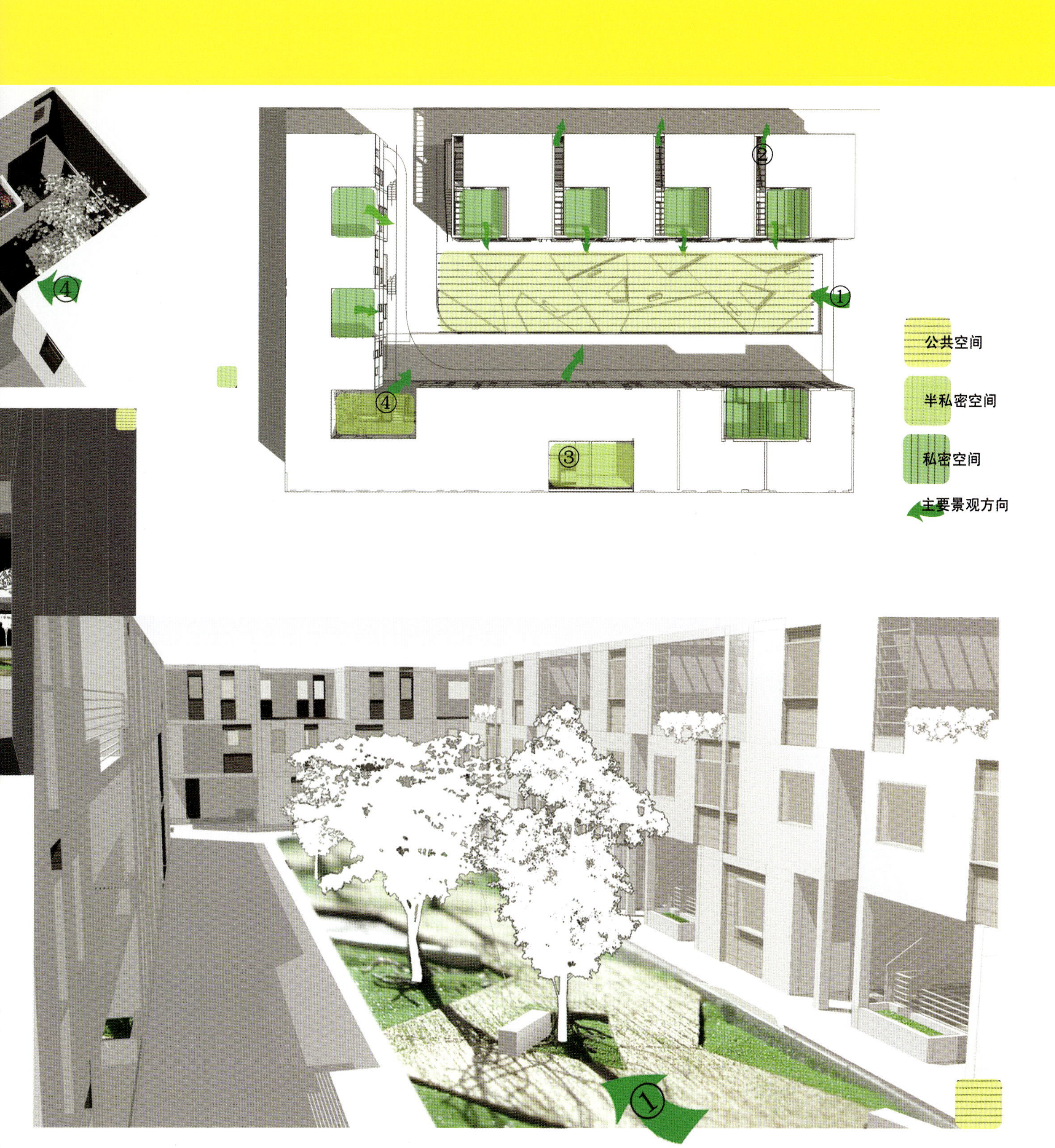
公共空间
半私密空间
私密空间
主要景观方向

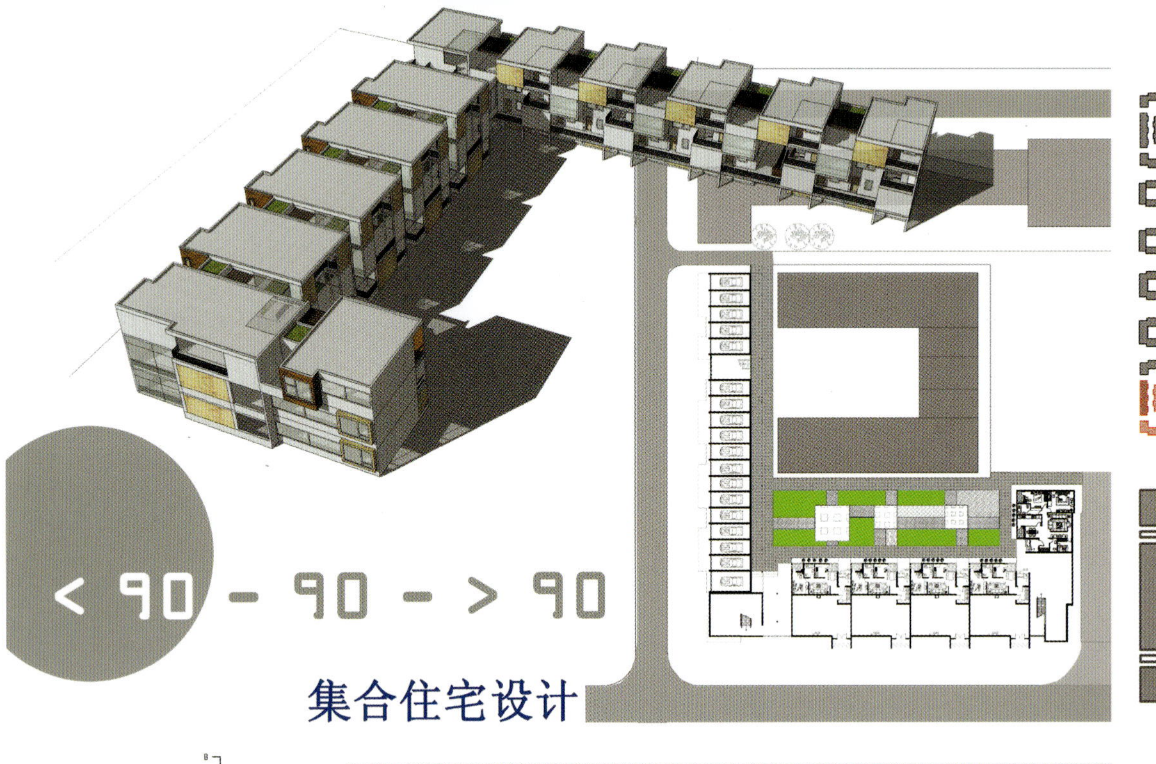

集合住宅设计

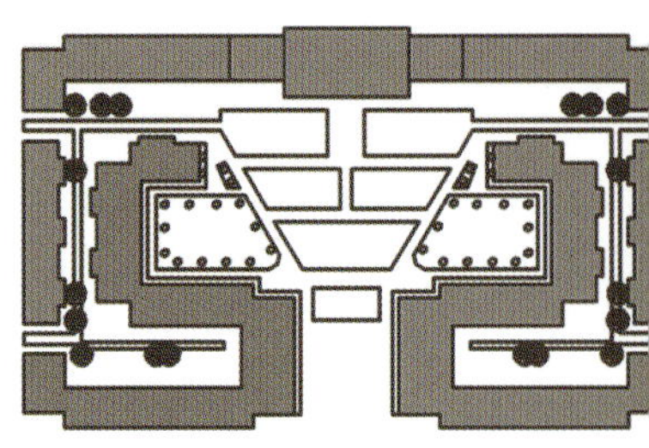

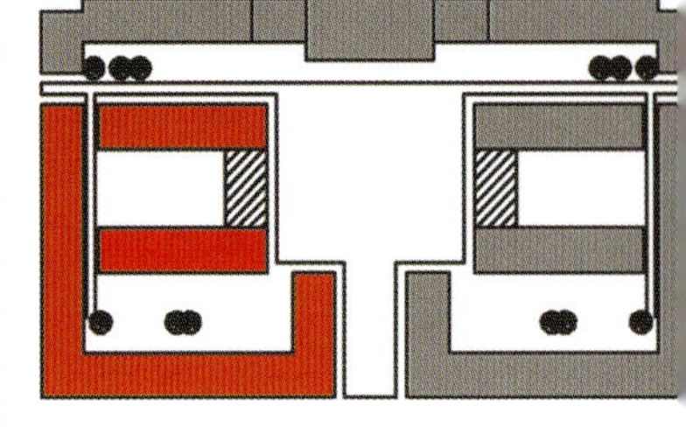

百万庄三里河小区北侧为车公庄大街南侧为百万庄大街 西临三里河路 我选的建筑用地位于小区西南角 南临百万庄大街

小区内半开放的庭院与茂盛的植被及尺度宜人的建筑群使其区别于新建的高层住宅也是其独有的环境优势但由于其建于建国初期路面老化户型不适于现代生活 植被疏于管理配套服务设施欠缺等问题十分明显

经过现状分析 将建筑重新布置 使之满足日照间距 同时在中部围合出一块较大的公共庭院 两侧各形成一个更加私密的小院落 将原本荒废的空间与大院落贯通 相应的景观设计也会增强院落的吸引力

1.200层平面图

指导老师：苏勇 学生：高

3.900层平面图
南立面图
A-A剖面图
6.600层平面图
西立面图
B-B剖面图
2

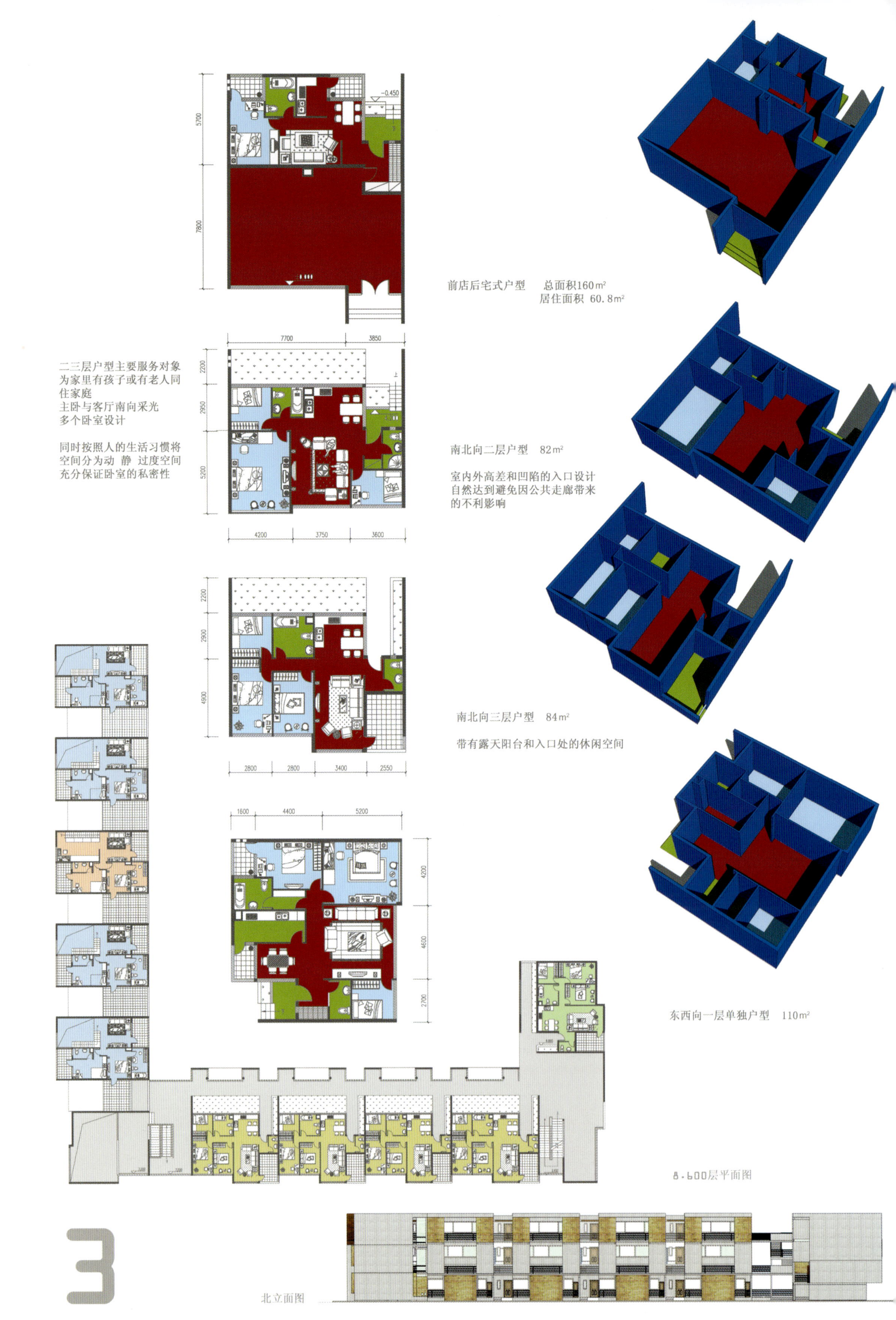
前店后宅式户型　总面积160m²
居住面积 60.8m²
二三层户型主要服务对象
为家里有孩子或有老人同
住家庭
主卧与客厅南向采光
多个卧室设计
同时按照人的生活习惯将
空间分为动 静 过度空间
充分保证卧室的私密性
南北向二层户型　82m²
室内外高差和凹陷的入口设计
自然达到避免因公共走廊带来
的不利影响
南北向三层户型　84m²
带有露天阳台和入口处的休闲空间
东西向一层单独户型　110m²
8.600层平面图
北立面图
3

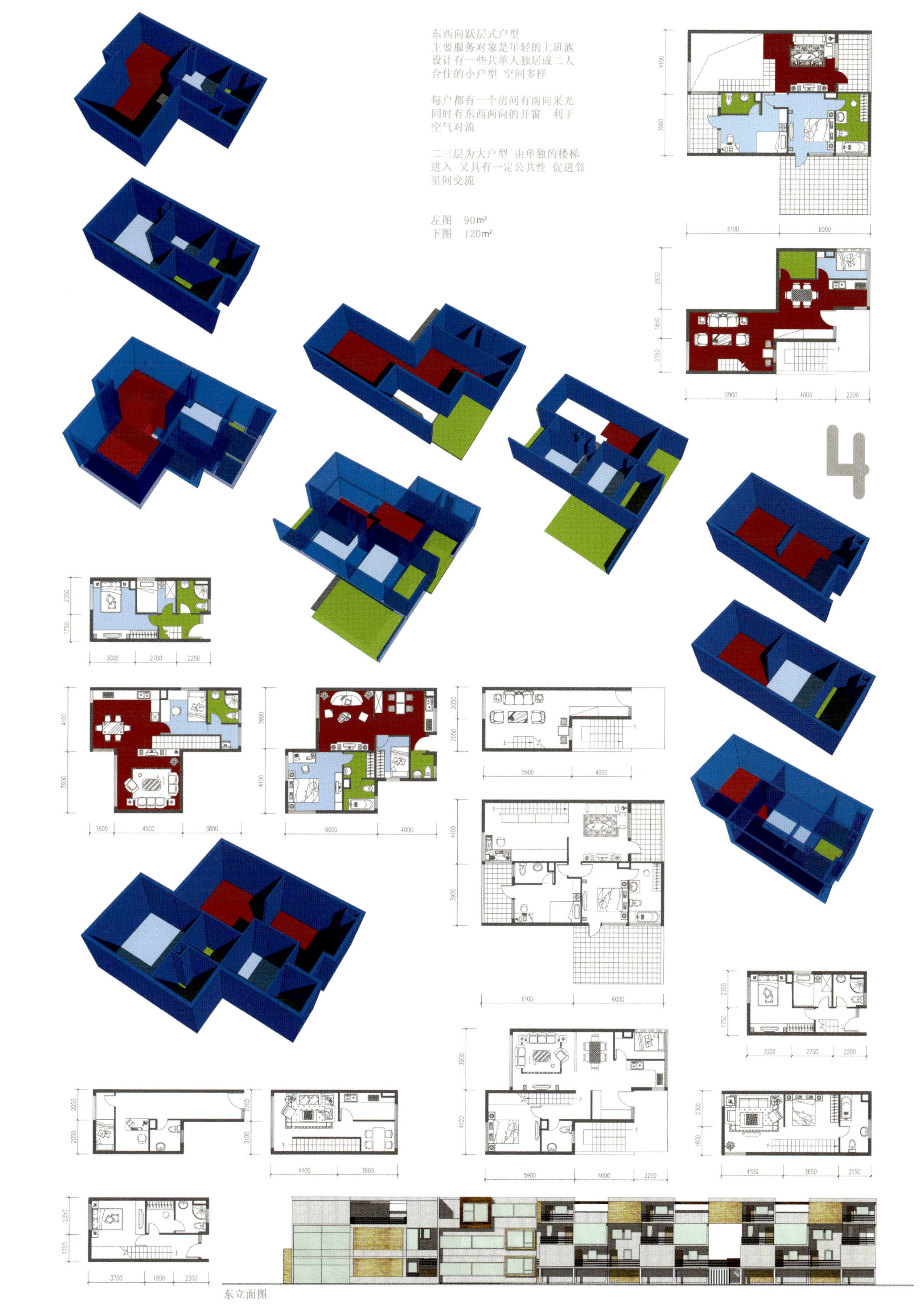
东西向跃层式户型
主要服务对象是年轻的上班族
设计有一些共单人独居或二人
合住的小户型 空间多样
每户都有一个房间有南向采光
同时有东西两向的开窗 利于
空气对流
二三层为大户型 由单独的楼梯
进入 又具有一定公共性 促进邻
里间交流
左图 90m²
下图 120m²
4
东立面图

设计引领生活 建造实现理想

——上海柏涛建筑设计咨询有限公司五年行

Designning for life and building for future
The Trace of PTA Architects, Shanghai in five years

钱 炜 *Qian Wei*

作为澳大利亚柏涛（墨尔本）建筑设计公司在中国的合作机构，上海柏涛延续了深圳柏涛专注于精品商业地产的设计经营理念，自2003年至今，通过国际经验和本地知识的有机结合，成功地完成了华东地区多个城市的设计建造活动，其设计产品类型含括居住社区、国际学校、星级酒店、综合商业办公及体育设施等。

自成立起，上海柏涛就奠定了自己的成长理念：设计作品的建成才意味着建筑师的社会责任和个人价值的实现，而我们的一切努力都为了通过建造实践以切实改善我们的生存环境，进而改变我们的生活。在这五年里，我们其实是和客户一起在完成设计和建造，关注并强化不同城市、不同人群和不同地块之不可复制的特性，使每一个建成的项目成为惟一。

移植与适应

尽管华东设计市场潜力巨大，同时又得到了母公司品牌和技术上的支持，但对于当时在上海本地并没有一个建成项目的上海柏涛来说，长江三角洲地区的文化背景、生活习惯和审美情趣都有着非常独特之处。原来以为经过深圳柏涛在国内市场中的洗礼已经解决的适应性问题同样摆在了我们面前，我们开始意识到仅靠品牌和母公司在技术上的支持完成设计是不够的。“橘生淮南则为橘，生于淮北则为枳”，对于品牌移植来说，不管是移植之初品牌的巨大效应还是对上海及周边二三线城市甚至更广阔区域范围的辐射，尊重当地的文化背景、了解当地的生活习惯和审美情趣都更重要，恰当的设计是这个循序渐进的过程中至关重要的一环。

上海柏涛成立之时就把目标锁定在市场化程度最高的居住类设计和商业酒店类设计，因为深圳柏涛的成功证明了市场是检验客户和我们工作是否成功的惟一标准，相对较为客观。其可以有效减少在中国式公共关系上的无谓投入，通过与客户的紧密互动和勤奋工作确保建成作品的优异品质。

在公司初创阶段，为集中精力于设计创作，上海柏涛快速全盘移植了柏涛在深圳五年的成功经验，将其应用于更广泛的设计领域，因而较快进入了正常运营阶段。但由于气候和历史的原因，上海的设计市场与深圳有着很大的差别，市场的固有观念、开发模式、设计规模和周期等等都有所不同。例如在进入上海的早期阶段，在建筑风格的设计问题上，曾经出现了建筑立面设计八轮未能通过客户审查的情况，在经过自我审视后发现症结在于过度沉醉于建筑师的片面个人爱好而不是大众视角，忽视甚至无视上海客户对历史感和价值感的感情诉求。在经受过此次痛苦的经历之后，不同类型的建筑风格设计逐渐成为我们的强项之一。

目标与流程

应该说从2003～2008的五年里，上海柏涛更多地是在夯筑坚实的基础、寻找准确的定位，努力跻身于众多优秀的建筑设计公司之中并有鲜明的个性特征。我们敬佩迅速扩张的规模化设计企业的魄力和胆识，也欣赏安身立命追求个人价值的优秀建筑师个人工作室，我们学习他们又希望有所区别。

上海柏涛的创作过程有如一条柔性的生产线，有自己独特的流程，其基于充分的学习、理性的分析、经验的积累和直观的感受。

我们总戏称自己是现场建筑师。项目启动前及设计过程中我们会多次前往项目的现场和周边区域，反复感受和了解项目地块特征、城市文化背景和规划格局及市场需求和同类竞争等基础资料，然后把对此的分析和开发商的要求视为原料，将各阶段应完成的目标进行分解从而形成流程，在正确逻辑推理和艺术加工后，向客户推出各种可能的方案，并与客户一起进行判断、选择、修改和实施。在整个流程的不同阶段，都有品质的保证。如果用分数来进行比喻，我们宁愿每个作品都能保证80分以上，而不能容忍为了少量90多分的项目而导致更大量60分项目的出现。我们的经验是，这样才能够给予每个客户稳定的品质保证，同时也是设计公司长期生存的基础。

公司内首先强调的是职业素养和服务精神。作为建筑师都希望能自由地创作，但我们清醒地认识到更为重要的是如何把头脑中的构想切实可行地转化为现实，因此在设计和建造过程中一如既往地给客户提供持续的服务就变得至关重要。应重视每个环节的无缝链接，不能出现断层。作为社会责任实现的重要一环，我们要在规定的时间内找到准确的项目定位，设计出足够好的方案，协助客户通过政府报审，进行推广，并调整完善原有设计方案以适应市场变化和材料造价的变化，在施工现场出现错误和疏忽时及时配合修正，协助客户选择合适的材料并对项目最终的建成效果负责。任何一个环节的失误都有可能导致方案意图与实际建成效果相差甚远，这也是当前国内大部分建设项目的通病，是我们特别注意避免的。我们更乐于展示建成项目的实景照片而非异想天开的效果图，所以我们的实施压力较一般方案设计公司更大，服务周期更长。

在此基础上上海柏涛逐渐形成了自身的特色：理性地分析市场，热心地观察社会，细心地体会生活，重视基础知识再学习和综合文化素养的提高。它提供的是建造服务于人们生活的环境，是感性和理性的混合体。

专业和知识

上海柏涛五年来始终定位于专业化的建筑设计公司，坚持步步为营的商业发展战略。明确企业的核心业务领域，力争在差异化、反应速度和高效率方面赢得跨越式竞争优势。我们始终需要关注的是企业的核心能力和技术，保持持续增长和配置相应资源。

首先，专业化能力可以加强企业的差异化，创造多个竞争优势。实现差异化需要我们强化关注力和专业知识，提高对核心业务的控制能力，这在某种程度上提供给我们强大的风险抑制力。其次，专业化能力可以保证企业的快速反应，我们通过业务模块化，消除非关键业务组件，利用现有外部资源，快速感知并响应意外的市场环境及客户需求的变化。我们把主要资源聚焦在具有战略意义的业务模块如：居住、酒店和商业，在为员工、客户和股东增加价值的同时也为公司创造了更多的价值，获得客户忠诚度并可有效减少员工流失率。

为保证专业化的竞争优势，作为一个设计企业，上海柏涛在近年来开始着手将以经验形式存在于个人手中的知识通过各种方式固化沉淀于企业中，形成业务组件，方便取用；同时引进熟悉材料的工程师并建立材料库，开展各种培训，鼓励内部交流，拓展市场前瞻性。相信随着公司和市场的发展，知识管理将越来越成为上海柏涛的重要环节。

团队与个人

2006年春节期间，上海柏涛总经理何永屹先生在公司内网发表了一篇短文："在这个大时代的洪流中，个人如叶，随波逐流；团队如舟，或可把控。"表达了我们顺利度过2005年第一次宏观调控的严峻考验后对全体员工的感激之情。

建筑师是设计部门中最有主见和判断标准的人群，大师和明星是青年建筑师追逐的榜样，强势管理是无法持久和真正深入人心的。柏涛在深圳和上海两地集合了一大批国内优秀的建筑师，但未曾出现常见的离心或内耗现象，这表明了柏涛传统上的亲和力和宽容度。

作为知名设计公司，客户带着极高的期望将投资巨大建设项目的设计任务交到我们手中，同时公司和员工自己对成果设定的标准也非常高，这便带来相当巨大的压力，而简单设置好坏的评判标准既不现实也不重要。上海柏涛员工为1980年前后出生的青年建筑师为主体，他们不可避免地必须在高强度超越其自然积累的经验中快速成长，工作压力相当大。这时宽松的氛围与相互的理解和支持就变得不可缺少。否则压力之下会导致员工无法承受而被迫选择离开，给个人和公司都造成直接损失。所以工作上的高标准和公司氛围的宽松是我们始终力争并存的。

在上海柏涛有所谓照镜子的比喻，其实就是将心比心、互相尊重的合作模式。公司始终努力保持员工较高且稳定的收入标准、宽松的工作环境、良好的开放心态以及宽阔的视野。坚持建立一种以合理简明制度体系为保证的，越来越倾向于平等的、多技能的、自治的专业团队（SMTs），使得个人与公司在优胜劣汰的市场激烈竞争中同步生存、发展并赢得尊重。

上海柏涛自成立之初就确定了符合专业团队、扁平化架构、自治团队管理的发展目标。进入公司的员工除建筑师外，还有规划、景观、室内设计、结构、平面设计、材料等多种背景的设计师；除来自澳大利亚的建筑师外，先后还有来自德国、法国、荷兰和美国等国的建筑师在此工作，同时汇聚了自英国、澳大利亚、韩国等国工作求学归来的海归建筑师。在目前接近70名各具特色的优秀设计师中，人才不断成长，担负起日益重要的工作。五年中内部人才的培养和成长成为上海柏涛稳步发展的重要基石，标志着上海柏涛逐渐减少对初期少数主创建筑师的依赖，步入更为稳健和自主运转的轨道。

上海柏涛的经营管理是简单透明的，员工团队是融洽快乐的，社会责任是明确美好的，客户关系是稳定增长的。我们从不简单地给自己定下一个不切实际的梦想和口号，也从不奢望超越社会现实的个人价值。在"建造实现理想　设计引领生活"的共同愿景下，不同国籍、不同教育和生活背景的设计师带着各自独特的个性和创造力以及设计经验在这里汇聚、碰撞、交流和共享，共同将头脑中的理想、图纸上的汗水变成了中国大地上的美好现实。

谨以此文感谢曾经和正在为上海柏涛提供宝贵实践机会的合作伙伴，感谢曾经和正在为上海柏涛努力工作奉献自己才华的每一位员工！

作者单位：上海柏涛建筑设计咨询有限公司

凭窗且听雨、倚栏可望月

——绿地21城E区规划建筑设计构思

Raindrops near the window and moonlight by the fence
Construction planning and design idea of District E in Green Space 21 Community

开 发 商：上海绿地集团

建筑设计：上海柏涛建筑设计咨询有限公司

项目地点：江苏省昆山

E区指标：

总用地面积：45.42hm^2

总建筑面积：26.1万m^2

住宅建筑面积：20.7万m^2

商业建筑面积：4.1万m^2

学　　校：1.3万m^2

容 积 率：0.61

绿地21城为多元文化交融的低密度、生态型住宅社区，规划有ABCDEF六个区，其中香榭丽大道、绿地大道和滨江景观大道围合的区域为E区，总体定位为中式风格。

E区创作基因来自于中国民居的精髓。其错落有致、充满韵律感的建筑形式和令人心动的虚实空间的转换展示了较高的美学价值和国人认同的人文价值。

本区域规划要点首先注重和其他分区在总体规划控制下的协调统一，河道设施与相邻区域的连接。规划了岛、半岛、水、树等各类中心，从总体布局到单体设计均贯穿中式元素，融合传统中国建筑空间层次的典型特征，作为总体布局和单体设计的基本意念，各组团相联，形成逐级院落，向水滨跌落，构成错落的天际线。

组团和道路规划明晰，建筑错落布置，打破单调感，使街区同时具有中式道路的幽静素雅与步换景移的街巷里坊特色。

景观体现现代中式园林风格，从入口对景设计到中心河滨的步行线路，辐射到每个组团，同时强化集中绿地。住宅前院多设计为硬质景观，后院则为软质景观，营造休闲放松的氛围，以区别于临街一面。各个层面以多系统的景观和功能构架相重叠：精心筛选的基地；清新淡雅的竹子；宅前路边的绿化；开放的前院；私密的后院；内敛的入口；组团分明的建筑，组合成有韵律而具变化的小区环境。植被尽量丰富，以较强的层次感和高大树木削弱建筑的体量及长度。

建筑单体错落有致，丰富的前后空间，立面运用白、灰色块组合，局部用亮色点缀。不同质感的光面、毛面材质搭配，透空、玻璃栏杆和实墙面虚实结合等多种表现手法体现简约的建筑风格，不同高度的女儿墙及形体勾勒起伏的天际线。使用大面积落地玻璃窗和多处露台，实现采光通风的和谐律动，有着“凭窗倚栏”的中式文化情结。

中国的传统文化蕴涵着巨大的创作潜力，但是在绿地21城E区规划设计中，我们根据现代生活需求，抛开对传统建筑具体形式的借鉴，而转向功能、意义及人们的生活空间的探索，从而采取不同的建筑处理方式，这种有益的时间还将在我们今后的项目中坚持下去。

*上海柏涛建筑设计咨询有限公司供稿

万科白马花园(花园洋房、别墅)

White Horse Garden by Vnake Group (garden villas, villas)

开　发　商：上海万科

建筑设计：上海柏涛建筑设计咨询有限公司

项目地点：上海市松江

总占地面积：23.64hm²

总建筑面积：188698.8m²

容　积　率：0.719

建筑密度：0.234

一、规划构思

1．“T”型河滨及三、四期分界线对本次方案构成“土”字型具有强烈的限制，在保证建筑南北朝向和较高土地使用强度的前提下，采用理性、规则但组团易识别的总图布置是合理的选择。

2.将一期组团向北、西两个方向延伸，布置花园洋房，延续城市景象，向别墅产品过渡。花园洋房强调户户有露台、利用室外楼梯及造型类别墅化。

3.以约18户为一个邻里组团单位，两个邻里组团为一个大组团单位。

4.邻里组团面对的均为最后一级道路，有效防止无关穿越。

5.联排和双拼根据户型所在位置设定“大”的U型、“中”的L型、及“小”的带天窗或四季厅的I型。其特征均为尽可能打破传统联排别墅小面宽、大进深、两面采光的格局，并将一组别墅作为一栋别墅造型。

6.强调别墅开放的前院和隐秘的后院，避免传统联排别墅前院私有领域太多造成街区景色失控与出入车辆困难。

7.规划上采用内环加尽端的交通模式。

8.充分利用河道蓝线范围内的空间营造小区主轴，采用河滨两岸“软硬相对”的手法，即硬质河岸(木甲板、石铺地)与软质河岸(草坡、芦苇)。

9.小区中部三、四期分界线为硬质景观空间，将南侧主入口人流直接引向河面，形成联系南北的人流主轴。

二、立面构思(别墅)

项目位于新闵别墅区(上海最早较大规模的别墅区),周边社区均为富贵欧陆风格,现代建筑风格能否在此得到认同,是当时立面设计所面临的挑战。

从现代建筑的发源地寻找到德式理性主义——功能与立面形式的统一,以严谨的现代建筑美学为指导:

1.明晰的形体构成,遵循了现代主义建筑的逻辑——形式体现功能,每一部分都不孤立。

2.建筑的眼睛是整个设计的灵魂和特征所在,互相对话,聚在一起,便形成群落。从功能上看,是书房。于是功能、精神与形式达到了统一。

3.入口处功能整合与立面形式统一,并作为立面的主题元素(报

箱、门禁、移门、照明等)。

4.门窗开启处的遮蔽构件与体量结合使立面形式统一。

5.将房间空调机位设置作为立面构成元素，使机位方便安装，有效遮蔽管线。

6.各种露台的私密空间处理，成为建筑立面构成的虚实要素。

三、对地域性空间的阐释——里弄街道，城市固有空间的怀旧与联想。

1.材料：怀旧以及粗颗粒的质感是最初印入设计理念的感觉，随着设计的深入，这一感性认识转化为外立面选材的基本原则之一。水洗石、stucco、涂料，冲突、对比、协调，形成鲜明的建筑特征。

2.里弄：其演绎了对于历史的留恋和再现，而绝不是新天地的塑造，跨入社区，你能够感受到的是邻里、街坊与脚下弹街石的磨蹭。那些水洗石的斑驳质感，让你也回到了童年的石库门。

3.色彩：做新如新还是做新如旧，这是个问题。色彩的选择目的是既要体现出品质感，还要令人产生一种印象——建筑本已存在于此地，虽经岁月蹉跎，依然历久不变。

*上海柏涛建筑设计咨询有限公司供稿

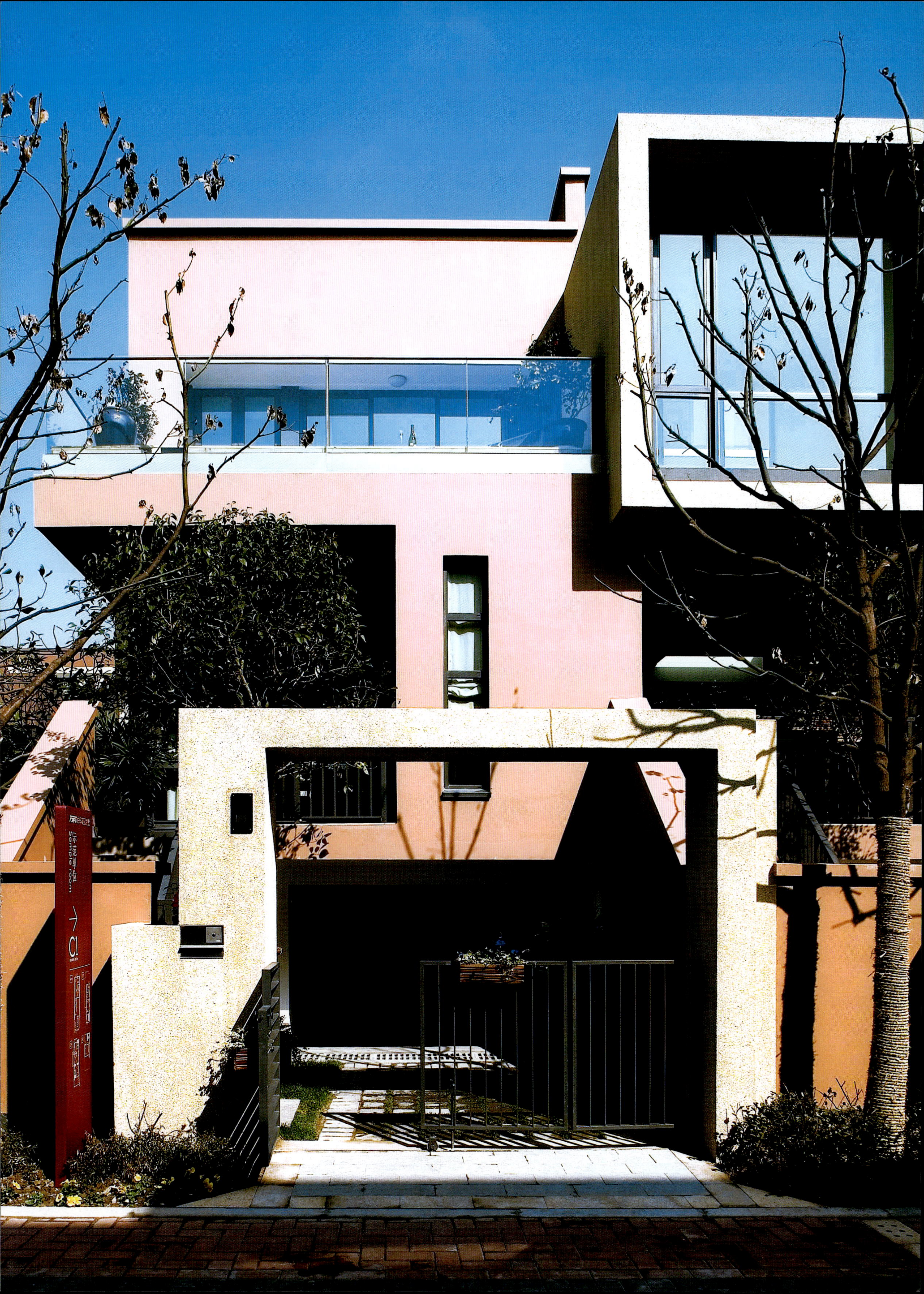
sample room
C1

水岸江南小户型高层住宅

Waterfront high-rise small-size apartment housing

开　发　商：天津松江集团

设 计 单 位：ZPLUS普瑞思建筑规划设计咨询有限公司

建 设 地 点：天津市梅江南生态社区

总用地面积：95，400m²

总建筑面积：103，000m²

建筑容积率：1.09

竣 工 时 间：2008年

总平面图

水岸江南位于天津梅江南居住区最南端的11号地，南侧为外环南路，此路与友谊南路及解放南路相连，外部交通便利，周围无遮挡，宜形成南低北高的总体布置，最大限度利用南向。该项目共设置7座高层建筑，中间三栋32层百米高层，顺势排开，与相邻基地上的天鹅湖项目相协调，构成了展翅欲飞的天鹅的另一单翅，在这一排百米高层的南北两侧各有两栋18层54m高层，楼距舒展，交错排列，在采光、观景方面都很优越，达到了占地不多，环境却很优美的效果。

该项目以“全功能小户型”为亮点，使中小套型具有高舒适度的“精密设计”，引领着最新的住宅设计趋势。中小套型的设计难度，应该说要比大套型难得多，首先就是要控制“公摊”，研究最佳梯户比，优化“核心筒”和室外交通走廊的布局，将公摊面积减至最小，因为中小套型住宅内的1m²套内面积，绝对不是普通意义上的1m²，它对厅、室的舒适性，尺寸的优化，流线的改善都有作用，需要精打细算，挤出无效空间，尽量提高套内有效使用面积。

在设计中，户户南北通透是布局的第一要素，另外，将走道并入客厅和餐厅，客厅与餐厅连通，既节省空间，又使人感觉到开阔的视野，户户送露台、衣橱，并设飘窗、凸窗，能有效延伸室内有限的空间，而精致、新颖的外观效果，由相错露台导致的特色立面肌理、图案为城市和社区的景观都有所贡献，并使居住者拥有一时尚、清新的优雅环境，在实现功能满足的同时，带来更高的精神层面的享受，体现理性和浪漫的结合。设计外檐时对于中国传统的格窗和现代构成图案都进行了深入的研究，将两者有机结合，体现了案名“水岸江南”的东方传统韵味和现代风尚，对于集合住宅的设计作出了有益的尝试和创新。

***ZPLUS普瑞思建筑规划设计咨询有限公司供稿**

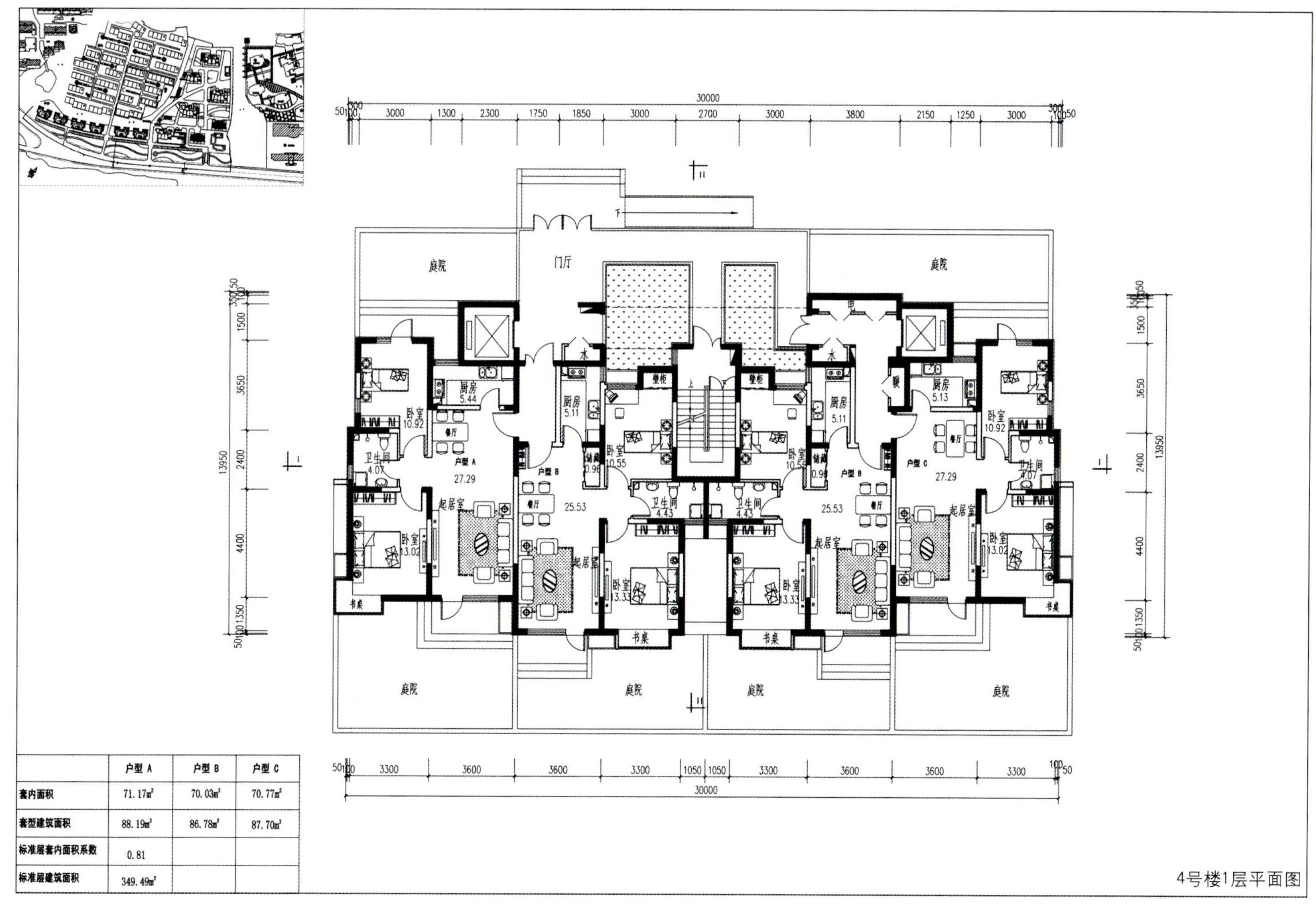

	户型 A	户型 B	户型 C
套内面积	71.17㎡	70.03㎡	70.77㎡
套型建筑面积	88.19㎡	86.78㎡	87.70㎡
标准层套内面积系数	0.81		
标准层建筑面积	349.49㎡		

4号楼1层平面图

体现人文关怀的住区景观实现

Neighborhood landscape with human concerns

毛玉清 楚先锋 *Mao Yuqing and Chu Xianfeng*

在一份针对万科社区业主进行的调查问卷中，有一个问题是"你为什么购买万科的房子？"调查结果表明，针对这个问题的回答，"小区配套设施齐全、景观环境优美"的得分竟然高于大家普遍关注的"户型设计合理"和"建筑造型美观"。居住者对景观环境的关注，也促使开发商越来越重视景观环境的营造了。

房子及其所处的景观环境相结合才能形成居住小区，而随着人们物质生活和精神生活水平的提高，对小区景观的设计和施工的要求也越来越高，尤其在实施过程中更应该关注人文细节问题。小区景观设计是从规划开始的。首先经过景观设计师结合市场、发展商的要求及小区建筑风格来给小区景观进行档次风格定位。无论最初的概念规划设计、方案设计，还是最后的施工图设计，其设计工作时间大部分是在办公室里完成，到现场的时间较少，故会常出现图纸与现场不符合、不协调的情况。

总体来说，设计师能较好地控制景观的整体效果，但会出现部分细节之处未考虑周全的情况。如在施工过程中发展商从美感和成本上提出了新的要求和变更，以及有些境外的景观设计公司进入了中国市场，由于地域的不同，在材料名称上不统一，或者设计师在图纸中只标明材料大的类别和颜色，施工图中没有具体结构详图。在遇到以上的情况时，就需要在施工过程中将其进一步完善。博雅景观作为东莞万科项目的景观施工战略合作单位，多年来经过不同风格、不同档次、不同区域的小区景观工程施工之后，得到了很多关于小区景观设计、施工方面的感想和经验，在小区景观设计、施工中不断地走向完美。本文便从园建、水电、绿化几个方面，对我们在施工中碰到的一些情况，以及如何对景观设计方案从细节上进行完善加以阐述。

一、园建

园建即园林景观建筑小品，它与住户的生活密切相连，是住户每天在小区中进出、休憩、游玩都触摸得到的。在实施园建设计的过程中，我们会从效果、人性化、成本、维护、功能等方面进行综合考虑以进一步完善，使园建满足业主的日常生活使用要求。

1.材料的选择

比如某一项目的两处住户楼梯，采用了面质、厚度、宽度均相同的石板，但由于所选板材的长度规格不同，铺出来的效果却是截然不同的。其中一个为楼梯的踏面、踢面在长度方面都分别用两块板铺成，另一个为楼梯的踏面、踢面在长度方面都分别用一块整板铺成。两者的成本一样，而后者的效果却比前者好很多，同时可以避免结合层水泥砂浆的污垢物溢出来(图1～2)。

1.分成两段的台阶踏步及踢步板材
2.通长的台阶踏步及踢步板材
3.具有脚底按摩作用的雨花石铺筑广场
4.花池高40m，具有安全隔离作用
5.起到踏步端头封堵作用的矮墙
6.用水泥砂立砌代替陆缘石，效果很好

再如某项目中心广场的花形图案，本来设计用黑色花岗石铺装，成本较高。在博雅和万科的工程师讨论之后，综合考虑工期、效果、成本，根据施工经验，决定改用黑色雨花石来代替。原因一是两种材料在色彩上几乎相近，但通过雨花石的平铺和竖铺两种方法相结合来增加其纹理效果，在效果上要比花岗石的单一性好很多；其二是雨花石铺贴成本约为花岗石铺贴的二分之一；其三是该工程为住宅小区，花形图案广场旁边设计的是儿童游乐场，当小孩子在旁边玩时，陪同的大人可以在雨花石上漫步，具有脚部按摩的作用(图3)。如此不但使其有了更好的效果，而且也增加了它的功能性。

2.人性化

比如某项目水池边上设计有花池，花池顶面的设计标高与人行道面层的标高位于同一高度。为了防止小孩子们在互相追逐时不慎掉入水中，我们在施工中将花池的顶面设计标高提高了400mm，高出了人行道(图4)，有了这样的防护，小孩子们便可以尽情地玩乐了。

再如某项目住户楼梯出入口设置有2级踏步，但由于现场的标高与设计图纸上有些出入，在施工时需增加到5级踏步，我们就按现场的标高进行调整并完成了踏步工程。万科的现场工程师到工地检查时，发现存在着安全问题，因其有750mm高，老人、小孩夜间出入时会存在安全隐患，于是经探讨决定在踏步两边增加两堵装饰墙。为了使墙体与周边环境相协调，就采用了与其邻墙相同的装饰面，即灰色砂浆喷涂(图5)。

3.后期使用与物业维护

比如某项目的步行道，原设计是花岗岩铺装的收边直接和绿化带相连接，而绿化带中为灌木丛，下雨时其下的泥水就会流到步行道上面来。我们在施工过程中考虑到这一点，就想在步行道边装上路缘石。但若采用传统的混凝土路缘石，就会出现和车行道边的路缘石同样的视觉感，加上这两者本身用途就不一样，所以不能用混。但若采用花岗石路缘石，则其造价较贵。而且以上两者在园路较小半径的弧线中应用时，由于长度原因弧线不能做得很流畅。最后，我们决定采用水泥砖代替路缘石，这样既能与周边的铺装相协调，又能做出优美的曲线，既降低了成本，也方便以后物业的卫生维护(图6)。

二、水电

水电安装及完善作为景观建设相辅相成的一部分，具有基本的功能性。水电安装为隐蔽工程，如果出现了故障维修较麻烦，会给业主的生活带来许多不便，因此对水电的施工工艺及流程不断创新有着深远的意义。

我们先来看一个雨水排放系统的实例。园建排水中的雨水井常规安装就是将排水管水平放坡与就近市政雨水井连接(图7)。其优点是排水速度快且不易堵塞，多个雨水井连接时易放坡，对水平标高影响不大；其缺点是易将杂物直接排入市政管道，不易清理。在丰桂园项目，我们将管道进行了改进，设计成底排式(图8)，管口与管底高差50mm，套上透气帽，在其周边钻两排直径8mm的圆孔排积水及滤沙。在实际应用中，其优点为避免了常规做法造成的池底积水，并有拦截树叶、泥沙等杂物，易于集中清理的特点；但缺点是，由于底排式受弯头厚度的影响，当超过两个雨水井连接时，首个雨水井的底部在原有标高的基础上必须降至累计弯头的深度方能满足要求，这就超过了用手清理垃圾的合理深度(350～500mm)。为此，当超过两个雨水井时，采用改进与常规做法相结合的安装方式，便可有效地解决标高问题。

我们再来看一下雨水箅子的安装问题。具有下水道过滤作用的雨水箅，在安装时将其降至路面或种植土下20～30mm，虽然满足功能的要求，却又产生了新的问题——周边种植灌木的土壤会随水流冲至雨水井。我们在参考万科高尔夫花园前三期的做法以后，将雨水口用水泥砂浆做成托盘状，并在边上加一排60mm宽的砖挡土坎加水泥砂浆抹面，同时为了使雨水口与周边绿化在视觉上相协调，在抹面水泥砂浆上涂了一层绿色的油漆(图9)，整体效果不错。

园林的排水系统包括自然排水及强制排水，通常图纸将两者独立设计。然而在景观建设中，为了尽可能减少井盖占用绿化的空间，使平面感观更为自然，应该结合在一起进行处理。高尔夫项目五期的水池，将这两者作了新的组合(图10)。此施工工艺要注意的是，雨水箅子宜采用400mm×600mm以上规格，开关阀门的空间应大于φ800mm以上，否则不方便上下操作。

绿化养护取水口为绿化的养护提供最基本的保障，但在实际安装过程中往往发现，如果按图纸的定位进行安装，竣工后会造成很多质量问题。比如，取水口应安装在距路边400mm的地方，触手可及，若距路边太远，则会造成取水人员踩踏破坏绿化。另外，两个取水口之间的距离应控制在50m左右，减少水压损失，方便洒水(图11)。

景观照明在环境设计中具有重要的地位。景观照明灯具的安装，特别是草坪灯的基础安装，通用的流程是：草坪平整→挖坑→捣混凝土→待达到强度钻孔安装。由于绿化前后期土面标高的变动不易掌握，埋深了对灯具维修不便，埋浅了基础表观暴露在种植土面上影响感观，为此我们在高尔夫花园项目改进了这种施工工艺，将基础预制成混凝土块，中间用￠75PVC管预留孔，并预埋拉爆螺丝(图12)。这样可以批量集中生产，节约了成本，保证了质量，在施工安装时更方便，且在灯具位置改动时移走重新安装也很方便。

7.雨水井通常的平排式排水管安装示意图
8.改进后的雨水井底排式排水管安装示意图
9.雨水井口四周用砖砌成挡土坎，防止泥土随雨水流入雨水井
10.将园林自然排水及强制排水结合在一起，以减少雨水井数量
11.绿化取水口应安装在距路边400mm的地方，方便使用
12.预制的混凝土草坪灯安装基础

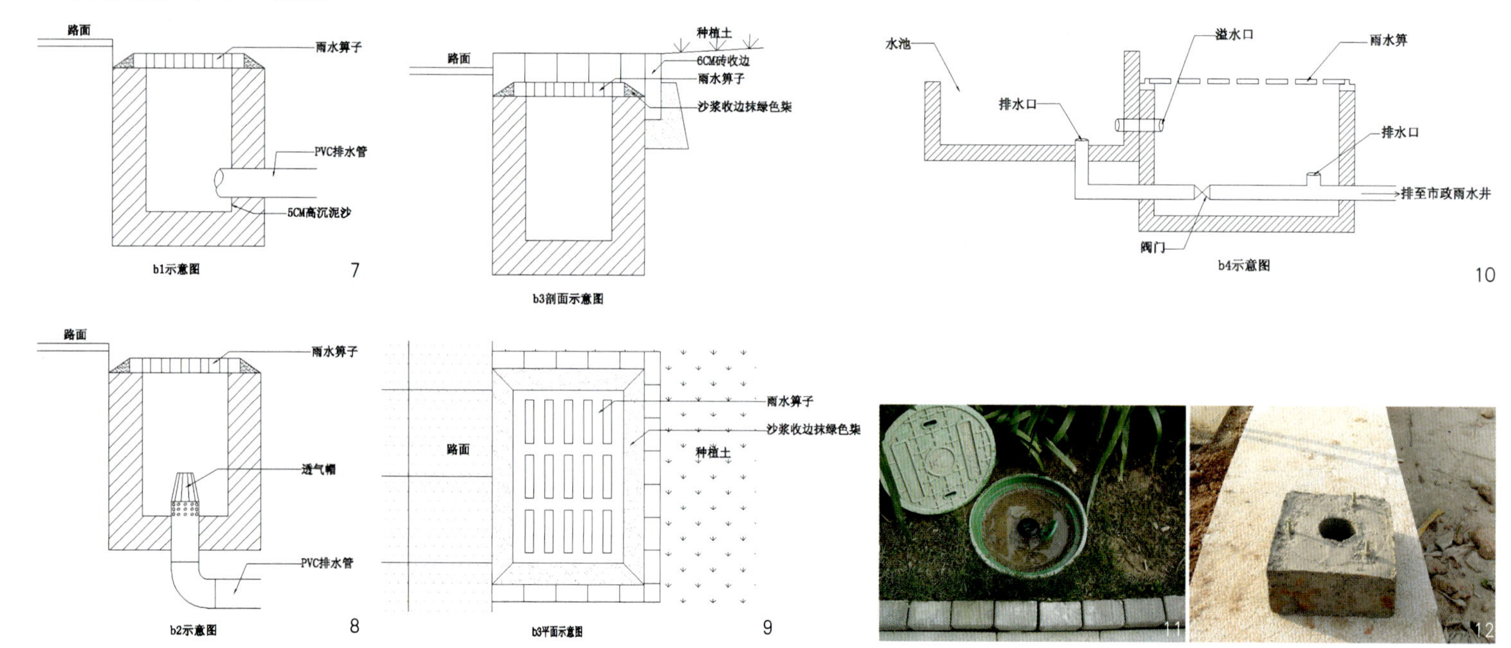

13.绿化的设计与施工应因地制宜，利用现场高差
14.植物可以软化建筑的硬质线条，丰富小区景观构图
15.苗木的大小、疏密需要考虑时间因素
16.绿化植物的选择要考虑气候因素

三、绿化

居住小区的绿化是最能营造出社区氛围的元素。它利用植物的独有特色形成一个既有统一又有变化，有节奏感、韵律感，有生命力的生活空间。

对绿化的地形把握是设计师的弱项。在施工设计图中，设计师由于不能很准确地掌握现场的地形地貌，很多时候都没有考虑地形的变化。在现场施工时，我们首先会考虑与现场实际地形结合，考虑地形变化，对设计方案进行局部修正，以保证可以使地形既高低起伏，具有美感，又可以减少土方的调配，降低成本，而且也容易排水(图13)。

绿化的植物配置是一个非常地域化的工作。如果按照绿化施工图进行施工，有很多时候会发现空间层次不够丰富，没有很好地体现群落组合，高低层次混乱。很多地方没有用植物打破建筑几何体生硬的感觉，令人视觉不舒服。很多地方缺少主景树或出现堆砌感，地被布置得比较凌乱。

为了丰富绿化的空间层次，可以增加一些大树(如：小叶榕、垂叶榕、桃花心、盆架子等)作为高层；中层可采用一些小叶榄仁、盆架子、秋枫、尖叶杜英等；次中层可采用一些鸡蛋花、自然形的垂叶榕、桂花等；低层即灌木层如：大红花球、红继木、黄金榕、黄金叶球等。最低层即地被层，也要考虑高低层次、色彩搭配与季节变化，进行多层次、多品种搭配，分别组合成特色各异的群落。整体上有疏有密，有高有低，力求在色彩变化和空间组织上都取得良好的效果。每一个位置，每一个角度，所见均不相同，而且又相互呼应，绝对没有千面如一的平淡。在转折的地方，增加一些冠幅比较婆娑的树种，这样就可遮障人的视线，可以令人遐想，而后在前方豁然开朗。步易景移，收放自如，规整而不呆板，开放中兼有含蓄。在建筑转角的地方，线条往往比较“单调、平直、呆板”，而植物的枝干则婀娜多姿，用“柔软、曲折”的线条打破建筑“平直、机械”的线条，可使建筑物景色丰富多变。比如采用琴丝竹、炮仗花等，用植物配置软化建筑的硬质线条，便可以打破建筑的生硬感觉，丰富建筑物构图。由此可见植物可协调建筑物，使其和环境相宜，因此建筑周围植物配置往往要把相互之间的关系进行综合考虑(图14)。

苗木规格的选择可能是困扰设计师的另一大难题。比如某项目的绿化图纸选择的黄金叶的规格是H40cm、W25cm，而市场上一般都是规格为:H20～30cm、W15～25cm。在现有的市场状况下，为了达到绿化图纸的设计效果，苗木种植后就须通过一段时间的养护培育。但如采用绿化图纸设计的大规格苗木进行种植时，依然达不到理想效果，是因为虽然种植苗木的规格达到了，但种植苗木的植物间仍然存在较大的空隙，不能达到疏密一致的整体效果，同样需要通过一段时间的养护培育后才能够达到一定的群体美的理想效果。所以我们认为苗木的规格要求不一定非要那么大，通过调整苗木的种植密度并经过一段时间的养护培育，就可以达到理想的效果(图15)。

当发现绿化图纸设计中的部分植物，因没考虑其气候条件或植物的习性，设计种植的地理位置出现不合理，博雅景观就会与万科的专业工程师进行沟通后进行更改。例如：银后粗肋草是室内植物，种植在室外冬天怕冷、夏天怕晒，都会造成叶片焦枯、长势不好。再如小叶龙船花冬天怕冻，天冻时叶子会全部干枯，严重影响绿化效果。所以在室外就应该改种鸢尾花、大叶龙船花或其他植物(图16)。

住区景观首先强调的是人与环境的相互参与、互动，人与景观和谐相处，形成生态景观家园。社区的景观设计需要在施工过程中不断进行完善，将人与景观高度融合，构建人文景观，体现人文关怀。以上是东莞万科项目的景观设计在实施过程中碰到的一些问题，以及博雅景观和万科的工程师是如何从细节上进行考虑，以体现住区景观设计人文关怀的实践经验，现总结出来，与大家共享。

作者单位：毛玉清，东莞市博雅景观工程有限公司
楚先锋，万科集团建筑研究中心

山地住居探究

Hillside housing study

梁　乔 *Liang Qiao*

[摘要] 本文概述了开发山地住居是出于满足人类物质生活和生存空间的需求及生活方式和回归自然的需求。坚持整体性原则和可持续发展原则，使得开发山地住居具有了可行性。同时从山地的总体规划设计、群体组合空间结构和单体住宅形体空间三个层次探讨了山地住居环境的特征。

[关键词] 整体性、可持续发展、山地住居

Abstract: *This paper presents an analysis of the reasons of developing in hillside areas. In order to expand the living space, exploit the hillside resources and enjoy the natural environment, people are showing more and more interesting in that. A reasonable and scientific theoretical framework and sustainability bring forward instructional principles in the exploitation of hillside areas. The organization and constitution of settlement in mountainous region are researched in three aspects. On the aspect of planning and design in hillside areas, the typology and characteristics are introduced.*

Key words: *the Concept of viewing the situation as a whole, Sustainable development, Settlement in hillside areas*

纵观人类发展的历史，在漫长的进化过程中，我们的祖先从建造穴居和巢居开始，借助天然山地环境中特有的洞穴、深沟、山涧、小溪等作为人类的居住空间和生活环境，同时又依靠山地环境中的自然资源作为维持生活的自然条件。随着人类社会的进步与生产力的发展，人类依靠自己的智慧和力量开拓了新的生存空间——平地，促进了农业、商业、工业的兴旺发达。山地变得沉寂，山地住居似乎成了一种无奈的选择。当时间进一步推移至今，山体的沉寂却被机器的轰鸣声敲破，山地住居重新回到人们的视野之中。本文即就此作以简要的论述与探讨。

一、物质生活和生存空间的需求

平地区域存在着房屋施工建造快捷、交通运输便利等优势，因此极大地迎合了工业、商业时代的发展。但同时工业化发展和资源的过度开发又导致了平地资源的减少，甚至枯竭，有限的平地很快受到资源需求和人口爆炸的巨大压力。这时，人们开始向占地球陆地面积三分之二、富含各种自然资源的山地拓展，以求得物质的继续繁荣并满足生存空间的需求。

二、生活方式和回归自然的需求

工业革命使人类享有了物质生活的繁荣，但高节奏、

1

2

高竞争的生活也带来了紧张与压抑，此时一种逃离物质文明的喧嚣、寄情山水、亲近自然的渴望正在滋生、成长。布赖恩·贝里指出："拥有巨额财富和大量闲暇时间的人们将在山峦起伏、河湖纵横、丛树茂盛的僻静环境中发现他们的安乐窝……"（图1～2）。身处山地环境中，人类在生理和心理上很容易与自然产生共鸣和联想。

我们应该怀揣对自然尊重与理解的态度，对山地进行开发。这样不仅不会重蹈平地的覆辙，还将使我们的山地建筑走向与自然和谐的可持续发展。其中有2项原则需要恪守：

1.整体性原则：山地，是一个特殊的建筑场所，其开发受到来自建筑学、生态学、地质学、地理学、水文学、美学、心理学等多学科的相互影响、相互作用。从生态学的角度出发，我们应该把人看作是生态系统的一个组成部分，与山地环境协同共生。从生态系统的整体利益出发，整体地有控制地发展，区分各地区特色，确定发展取向，才不至于造成盲目过度的开发。对山地住居而言，起影响作用的不只限于建筑设计本身，而是一个整体的地域系统，需要综合分析其经济性、科技水平、环境生态、社会文化等要求，实现"最适宜"的设计。

2.可持续发展原则："既满足当代人的需要，又不对后人满足其需要的能力构成危害"，这是可持续发展的根本要求。可持续发展理论与生态学原理共同促进了山地朝着有利方向开发。对山地环境的整个生态系统的调控可减少或避免可能发生的自然危害；通过利用山地形态在建筑空间处理上采用架空、覆土、悬挑等手法可实现对土地资源的再利用。最终要处理好人与自然的共生关系，协调整个生态系统的各要素之间的关系，促成山地生态系统的良性循环，使山地建筑走向可持续发展道路。

在进行山地住宅及其居住环境设计时，需要本着整体性和可持续发展的原则，从总体规划、群体空间组合、单体设计三个层次中来充分体现山地特色，并最大限度地满足居民物质、精神生活的需求，以达到整体性的、可持续性发展的目的。

三、曲轴流动 因势利导

中国民间传统讲究居住环境的方位，强调阴阳朝背，追求"水"、"木"、"火"、"土"、"金"的顺通，以达到一种仁山智水的住居情境。对特定的有起伏的基地而言，起影响作用的不是某一地段的具体标高或起伏变化，而是一个整体的地域系统。在这个整体地域系统中所规划设计的建筑群同山地自然环境构筑成一个整体形象，彼此相协调、相融合。

在规划设计中，一方面要考虑地形坡度的变化与用地形态的多样性，因其构成了山地的特殊性。如：坡度较大的地方或沿江河区域往往是带状形态；山谷地具有内聚性，山顶则具有发散性。山地的形态容易造成人视觉或心理的一种模糊边界感，对人的活动和视觉感受又具有某种程度的内敛性，从而在意识形态上增强其场所性和归属感，形成有特色的存在空间。另一方面，影响整体布局的一个重要因素是气候条件，主要是日照、风、气温等方面。日照值的大小，在山地环境中与坡度、方位及周围障碍物的形状有关，这些条件的变化将直接影响到日照强度的变化，甚至导致温度状况、空气相对湿度和气流的变化。山地形态与风所构成的相对应的关系大致有迎风坡、顺风坡和背风坡。不同风向区宜采用与其相对应的空间布局方式，通过把握地方性气候、风和气流的作用，利用有利因素及条件改善建筑群内的自然通风。如利用峡谷兜风或绕山风，采用架空及中央竖井方式来引导回岸风进入住宅内部空间改善小气候。又如在寒冷地区，由于冬季冷气流在凹地会形成对建筑物的“霜洞”效应，建筑不宜布置在山谷、洼地、沟底等凹地形里。

在特定的地域里，各个因素之间的关联作用形成了该地区独特的山地住居风貌，在总体规划上与讲究中轴对称、均衡有序、严谨规整、追求宏伟的中国传统官方建筑布局不同的是：建筑依山貌、地势、气候等条件运用曲轴手法，自由布局，宛如游龙。不仅在同一标高层次上展开，而且在空间上拓展攀延。平地上的建筑严谨规整呈安定状，而山地建筑活泼轻巧、空间变化多端，既主从相随，又连环相通。如山城重庆，渝中半岛地势险峻、两江相夹，以沿两江横轴和沿山脊为城市主轴，将半岛分为上半城和下半城，又以垂直等高线的众多街巷为辅，连接上、下半城，构成城市交通网络(图3)。

山地的起伏变化使得山地住居空间布局自由，力求顺应山势、山地肌理。较平缓地段易成组成片布局，起伏较大的地段宜采取自由、零散的布置方式，才不至于对整个山体地貌造成太大的破坏，同时也合理地减少了土石方量，便于施工。综合各因素，人工构筑物在山体上呈现的高低错落、聚散分合的形态，以及创造的优美轮廓线增添了人工塑造之美(图4～5)。

四、簇群紧凑 情境交融

住宅是作为居住空间构成的“点”；院落或组团则是作为居民交往聚会的半公共空间，是居住空间构成的“簇”；而小区中心，公共活动绿地是居住空间构成的“结”。那么踏步、道路、街巷就是连接“簇”与“簇”、“簇”与“结”、“结”与“结”之间的“线”。居住空间正是由这些“点”、“簇”、“结”、“线”共同构成的(图6)。最吸引人的社区是居住空间中的主体、实体、场所或活动中的诸因素的和谐关系，这就需要在关于住宅、公建、中心绿地、道路等的位置确定和土地利用的分配作出最佳的选择。同时，这些地区要有最佳的规模和形式以表现和适应社区的切实可行的计划。这些限定的地区由可以利用的地块组成，具有有利的坡度和高程。山地特殊的地理、气候环境往往使住宅朝向不一，彼此之间通过山体的肌理自然形成大小、高低不一的院落空间。与平地上的院落、组团少了一份人的控制，多了一份自然之形，拉近了人与自然的距离，更为人性化。作为“结”的小区中心、公共活动绿地的形成也是建筑师考虑并仔细衡量一切自然和人工的条件，最终寻求出的最适宜的土地利用布局，具有一种内在的必然性。而平地往往通过周围建筑或环境来烘托出小区中心，且其可根据建筑师的设计进行转移，有更大的人为控制因素。

在各空间层次中起连接作用的“线”在山地环境中可谓千姿百态。有平行等高线顺行，有垂直等高线爬行，道路形式有环形、盘旋、傍山、枝状等。设计依据坡度大小组织相应形式，并采取路堤、

3.重庆嘉陵江畔
4.四川丹巴梭坡乡
5.重庆石宝寨

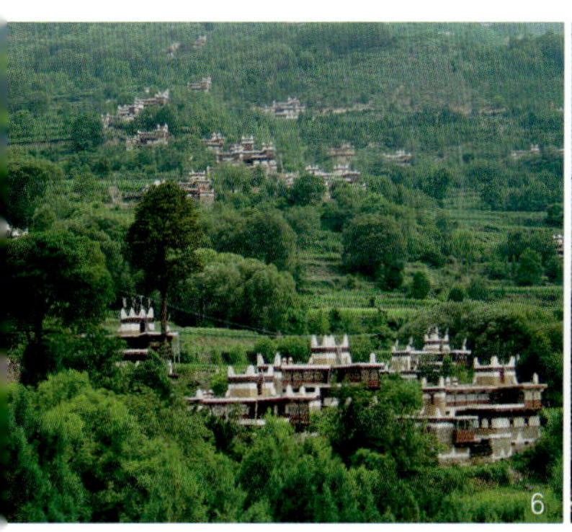

6.四川丹巴甲居
7.重庆嘉陵江索道
8.四川柳江吊脚楼
9.四川丹巴一藏宅

路堑、半填半挖，甚至局部桥涵或隧道等来解决道路与复杂地形的矛盾。在坡度均匀地段可用自动扶梯；陡峭地段可用垂直电梯或斜向电梯；步行地段可用台阶、平台的组合；在山体之间还可用空中索道相连(图7)，如重庆长江索道、嘉陵江索道，整个山体的交通呈三维网状结构。

在群体组合中对于景观、绿化处理，可做到见缝插针，但应考虑其形、其体量对山地建筑群和山地整体环境的影响。山地景观是三维、立体的，其可扩大植被面积。又由于山地的多角度、多视点的特点，就更应注重对远处或近处的人文景观、自然景观的回借，将山色水景、滨江绿化带、城市轮廓线，以及蓝天白云、夕阳西下的自然美景引入居住空间，使住区景观与周围自然环境有机相融。其自身，也以山体为绿色背景，形成城市一道美丽的画卷，装点城市，也作为其他方位视觉的焦点。

五、形态轻盈 造型独特

山地总体规划设计和群体组织是从整体上体现与山的关系，单体空间则具体到建筑细部及单元组合，根据其具体位置的地理特征采取灵活多变、不拘一格的造型特征来处理与整体地势、等高线的关系。山地单体建筑的设计是从传统山地民居获取的建造方法和来源。按接地方式、屋顶形式、剖面空间设计、立面处理、以及与其他建筑的呼应对照等呈现出五彩缤纷的形态。

山地住宅适应地形的关键在于确定适宜的接地方式以在斜面上构筑水平基面。依据住宅与基地的关系可分为：平抬、错落、悬空三类。平抬式可通过提高勒脚或筑台，就地取材，并与住宅整体形象及周围环境相配合。错落式改变了建筑剖面空间，以使地形的标高关系得到充分的利用，减少了土石方量。其合理性取决于建筑剖面与地段坡度间的吻合程度。因与地表直接接触而必须采取一定的防潮防水措施。悬空式是对地形特别复杂，如急陡坡坎、峭壁悬崖等而采取的一种简化施工的处理方式。上部建筑处理灵活，下部空间开敞通透，有利于湿热地区的通风防潮，或布置荫生植草，使绿化渗透到建筑空间，形成半室外活动场所。这种方式因与地面接触少，对保持原有地形、地貌和自然生态环境极为有意。营造出轻盈灵动、空透悬浮的形态效果（图8～9）。

山地住宅的建筑形象的特色主要通过屋顶形式和立面造型，并以山体为背景来反映。力图表达山居的自然本性，创造出有意义的环境，给人以亲近感。山地住宅常采用坡屋顶、退台式和大斜顶与山势轮廓线求得协调，增加了山势的动感与韵律感。结合立面处理的通透、轻巧、简洁，从不同视点角度满足人们观景的需要，同时也作为观景的对象。

山地建筑中存在内在的基本因子，似民居中的“步架”单位，它求小、求灵、求巧，具有山地环境条件下机动灵活的应变能力，在适应地形、争取和利用建筑空间方面创造了灵活多样的设计手法，造就了山地建筑独有的形态和造型。

山地住居开创了灿烂奇异的住居文化，独领风骚、自成一体。同时，社会的不断进步和发展促使着人们生活空间的不断变革，必将给山地住宅提供更为多彩的文化品格。

参考文献

[1][美]I.L.麦克哈格.设计结合自然.芮经纬译.北京：中国建筑工业出版社，1992

[2][美]J.O.西蒙兹.大地景观.程里尧译.北京：中国建筑工业出版社，1990

[3]卢济威.王海松.山地建筑设计.北京：中国建筑工业出版社，2001

[4]中国建筑业协会建筑节能专业委员会编.建筑节能技术.北京：中国计划出版社，1996

[5]李先逵.古代马蜀建筑的文化品格.建筑学报，1995(3)

[6]蒋群力.旧城居住区空间肌理初探.建筑学报，1993(3)

作者单位：清华大学建筑学院

初探建成环境和自然环境的融合

——宁波金安驾校住宅新区规划设计体会

An investigation on the integration of natural and built environment
A housing neighborhood in Ningbo

肖礼斌 谢 坚 江 镇 *Xiao Libin, Xie Jian and Jiang Zhen*

[摘要]本文从建成环境与自然环境的关系着眼，主张人类应从一味关注建成环境本身，转移到关注建成环境和自然环境的交互与融合。同时以宁波金安驾校住宅新区规划设计为例，较详细地阐述了上述观念在该项目中的成功体现。

[关键词]建成环境、自然环境、能源危机、有机体、规划设计

Abstract: *From the perspective of the relationship between built environment and the nature, the article advocates that the focus shall be shifted from the built environment to its harmonious relationship with nature. Taking a housing neighborhood in Ningbo as an example, the article gives demonstrations of the idea in reality.*

Keywords: *built environment, nature, energy crisis, organic, planning and design*

一、对建成环境与自然环境相互关系的再认识

建成环境指人工制造的为人类活动提供的场所，既包括巨大尺度的人类聚居地，也涵盖我们能切身感受的小房间。建成环境涉及到很多专业，包括规划、建筑学、景观、建造和测量等，因此，必须由以上专业的人员，进行充分交流并相互合作，才能塑造出一个良好的建成环境。

针对建成环境本身，众多的理论学家已经从建造学、景观学、行为心理学、文化学等方面进行了多角度、多层面的研究。比如，阿摩斯·拉普卜特选择了〝人——环境研究〞的角度，涉及到环境行为学、社会生态学等领域，并推出了力著《建成环境的意义——非言语表达方法》。对于建成环境的主要代表——城市的研究就更是浩如烟海，其中，理查德·罗杰斯和菲利普·古姆齐德简合著的一本小册子值得认真研读一下。这本《小小地球上的城市》用了很大的篇幅来讨论城市的可持续发展问题，其本质就是建成环境和自然环境的关系问题。

自人类开始有思想地自觉建造以来，建成环境在不断完善的过程中，也不断与自然环境增强对抗。人类与自然对抗能力的增长主要表现在科技水平的提高上，而人类对自然环境的压力主要来源于人口数量的膨胀。建成环境和自然环境的对抗性导致了很多问题的出现，包括能源危机、资源匮乏、空气污染、噪声、水污染、稀有动物的灭绝等等。

建成环境就像一个巨大的活的有机体，消耗资源，并排放废物。当它排出的各种废物还能够被自然消化掉时，自然环境和建成环境就能够和平共处，事实上，这种状态维持了很长时间。然而，当建成环境发展得越来越快，变得越来越庞大，越来越复杂，越来越活跃，它们就越依赖于大自然的化解能力，就越难以顺应周边环境的变化。

在工业革命爆发以前，建成环境并没有对大自然产生很大的冲击。曾经辉煌一时的吴哥在公元9世纪至15世纪

是王朝的都城，人口达数十万。城中的建筑璀璨绚丽，令人赞叹。然而，在惨遭两次洗劫和破坏后，吴哥被遗弃，直至被丛林淹没。如果没有那个法国人走进这片丛林，那么这些华丽的宫殿、巍峨的塔祠和奇巧细腻的雕塑可能还静静地躲藏在大自然的怀抱里。看那些曾经坚固的建筑，有些墙壁已经不堪重负而坍塌。古树的根须蔓延在石头缝里、几个世纪的岁月化成青苔和藤蔓攀爬之上(图1)。这个过程形象地向我们展示了建成环境破败后，自然是怎样恢复它的领地的。

大自然是一个把各种生命联系起来的复杂、精密和高度统一的系统，它处于一种活动的、永远变化的、不断调整的平衡状态。我们应该清楚地认识到，任何随意的对大自然的人为改造都有可能带来自然系统的自我调整。这些改造对人类来说有时候是有利的，有时候是不利的，而这些调整如果过于频繁或过于巨大，那么肯定会变得对人类不利。人类的活动对大自然的影响不大时，这种影响是可控的，而一旦这种平衡状态被彻底打乱，人类面临的困境恐怕就无法自行解决，只能听天由命了。罗马的迅速破败也许可以作为一面历史的镜子，让我们对自身力量的盲目自信产生一些畏惧心理。自然界的生命力极其旺盛，它总是在尽可能地维持所有生物彼此互动、动态平衡的生存环境。但是，如果我们破坏了环境的本来状态，它的反弹力甚至可以摧毁自以为强大的人类文明。大约3500～4000年以前，因为森林覆盖的毁坏和表土的流失，导致降雨量急剧下降，土壤肥力降低，加之人口的增长，印度河河谷地带的哈拉帕文化失去了自然资源基础，很快就土崩瓦解了。

然而，自哥白尼革命以来，人类在科学技术方面取得了巨大的进步，有一部分人开始带着人定胜天的豪言壮志向自然界发起了挑战。尤其，当工业革命在资本主义国家爆发后，人类的生产力迅速膨胀，人类征服自然改造自然的信心也空前膨胀。根据自己的想法，人类开始一厢情愿地改造大自然。结果是，不仅大自然被肆意破坏，而且人类自身也被迫承担许多不堪的负面影响，而且这种影响极其深远。虽然人类掌握的科技知识越来越丰富，我们可以做很多前人无法做的事情，但是，如果我们孤注一掷和自然进行对抗，并使建成环境不断地无序扩张，例如美国的凤凰城(图2)，那么最后的结果可能是人类自身受到不可逆转的侵害。

因此，我们必须从一味地关注建成环境本身，转移到关注建成环境和自然环境的交互与融合，只有这样，我们才能得到一个刘易斯・芒福德在《城市发展史》中描绘的那种充满人文气氛的优美的建成环境。

二、建成环境和自然环境的融合方式初探

建成环境和自然环境应该交互和融合，方式概括起来不外乎以下几种。

1. 在建成环境中营造局部的自然环境，这是最直接最初浅的想法，但是确实带来了很多良好的效果，典型例子

就是建筑中的绿化中庭，小区中的集中绿地，城市中的市民公园等。这种方式的优点是容易实现，以较小的代价得到局部良好的环境，让建成环境中的人们可以随时进入，并享用它们带来的美好、恬适和宁静。然而，这种对城市喧嚣的暂时隔离并不能充分改善建成环境本身，不能不说是一种权宜之计。

2.将自然环境楔入建成环境中，使自然环境和建成环境联系更紧密的同时，能够相互咬接，相互影响，比如城市中的楔形绿化带。这种方式的优点显然是增强了建成环境与自然环境之间的联系，使建成环境本身也能得到更多的改良。自然环境成为建成环境不同组成部分——比如交通区域和居住区域——之间的隔离带，缓解了建成环境之间的相互影响。但是，建成环境和自然环境的交接线的延长，无疑会降低土地的使用价值，增加建成环境的成本。

3.降低建成环境的尺度，把一个巨大的建成环境分解成若干独立的规模较小的单元，被自然环境包围，霍华德的花园城市理论就是这种理念的代表。霍华德认为城市不断扩张、人口迅猛积聚和土地投机等是造成城市问题的主要原因，也是建成环境逐渐恶化的导火索。所以，在霍华德看来，疏散过于拥挤的人口、阻止城市的无序蔓延是解决城市问题的根本。勒·柯布西耶的大城市建设理论却持有完全不同的观点。他认为城市具有巨大的吸引力和创造力，是人类生产力发挥巨大作用的首要场所，城市必须具有较大的规模，才能更好地运转并发挥其机制作用。然而他在处理建成环境和自然环境的关系问题时，却基本走了一条酷似霍华德的道路，不过是把独立的单元变成巨大的建筑物，而这些独立的建筑物之间是宽阔的草地。

4.改变建成环境与自然环境的对立状态，令二者的界线模糊，能够产生互动，使建成环境成为自然环境的一部分，并且根据自然环境的变化随时进行有效调整。这种方式大概是将来最应该发展的道路。我们可以从两个层面来理解这种融合方式。其一，从规划的角度，建成区域应该充分结合自然环境，尽量避免生硬的边界感，比如旧时的城墙，现在的围墙等，力求使建成环境融化在自然环境之中。其二，从建筑的角度，建成环境和自然环境的边界，也就是我们眼中的墙或屋顶，应该成为具备良好渗透性的表层。它不应该仅仅是单向过滤器，如传统建筑中维护构件的作用，屋顶和墙体把风雨隔绝在外边，同时通过窗户引入阳光和空气。这种选择是单向的，我们只是根据建筑使用者的需要来进行设计。它还应该是双向过滤器，也就是说，室内排放到自然界的废气废物也应该进行选择和处理，以保护环境。

另一方面，边界不但是过滤器，而且是生成器，也就是说，边界不但起传递信息的作用，而且本身还能生成信息。麦克卢汉说媒介也是信息，大概就是这种概念。边界作为生成器的作用机制表现为内容的制造。制造的内容有两方面，一方面是建筑学内容，如光、热、声等；一方面是传播学内容，也就是信息，如影像、音乐、光电等。比如：墨西哥城里的拉丝佛罗斯公司办公楼的立面设计不但在视觉上有内容，而且在光线调节等方面都有控制设施。

这些突破不仅仅是技术上的成就，而且是一种设计理念的革新，它要求设计师对待边界的态度要发生本质的改变，因为边界担当的角色和以前已经完全不一样了。它不再是体量和空间的附属，以及建成环境和自然环境的分水岭了，它有了自己独立的主体地位，能够在建筑的整体运行机制中发挥其他组成元素不可替代的重要作用。

边界性能的主要突破可以概括成：(1)渗透性取代透明性，表现在内外交流的有与无的变化（类似换档）可以转变为无级变化（无级变速）；(2)与时性取代间断性，表现在内外交流的人为控制可以转变为环境控制，例如，现今建筑外墙采用的随室外光环境变化而自动感应调节的遮阳系统与传统人为调节的遮阳系统的区别；(3)整体性取代片断性，表现在内外交流的局部调整可以转变为整体调整(图3)。

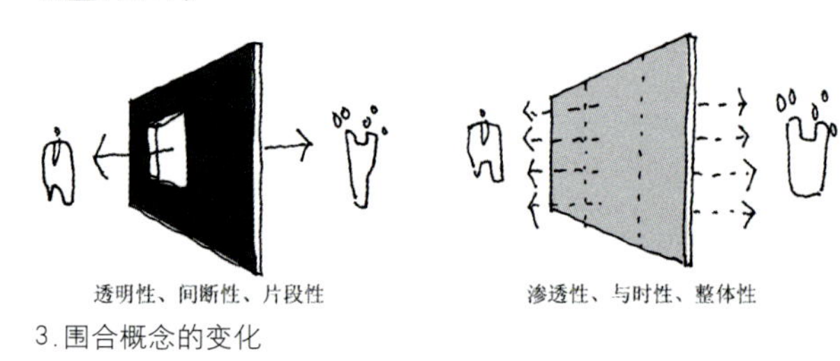

3.围合概念的变化

三、宁波金安驾校住宅新区规划设计体会

宁波金安驾校住宅新区位于浙江省宁波市宁海，占地19hm²，建筑面积约50万m²，其中，住宅建筑面积约40万m²。地段面朝大海，背靠青山，河水环绕，绵延起伏，自然环境极其优美。整个地段的形状，既像一片绿色的叶片，又像一条活泼的游鱼，体现了勃勃的生机(图4)。

4.总平面示意

在这样一个自然环境非常优越的地方进行设计时，一般建筑师都想着如何利用好这些优势。我们在规划设计开始的时候，第一个立意就是〞户户面海，户户靠山〞。充分利用地段的自然环境优势，创造良好的景观效果是提高

5.鸟瞰图
6.阳光书吧

住宅品质的重要手段。我们把建筑围绕地段周边布置，既能充分利用土地，又能尽量贴近自然。为了尽享自然的美景和清新的空气，户型设计采用错位拼贴的方式，尽量增加每一户面向外部的接触面。建筑之间的排布也尽量考虑小区内外的渗透性。建筑形象处理成竖向束筒的形态，与自然环境中高大乔木树林的形象相呼应。

在拥有良好的外部环境的同时，争取营造一个更优美、更细腻、更宜人、更休闲的内部环境是我们的又一个追求。为了实现这个目标，我们从以下几个方面去切入主题并深化设计。

1.小区内实现完全的人车分流，并在小区内部组织网络化结构的步行系统。小区主要环形消防道绕地段周边设置，平时只作为搬家、送货等大型车辆通行使用，而住户小汽车通过地段入口处酒店两侧的地下出入口进入地下车库。环形车道内部为入户道路，其他皆为步行道路。

2.在地段的叶脉方向或鱼脊方向营建水系，依傍水系布置会所、小商业、书画馆等公共建筑。水系顺地势蜿蜒而下，直至酒店前面的水池。一路上，栈道、廊桥、休息甲板等把步行系统联系起来，形成活泼、有趣、生动的流动空间，人们行走其中，如若置身于大自然的怀抱。酒店前的水景不同于小区内部的自然化处理，我们进行了细致的人工雕琢，6m高的瀑布、音乐喷泉和咖啡茶座的结合突出了良好的商业氛围。通过支脉方向的步行系统联系廊桥和小道把内部水系空间和外部水系空间进行有效的连接。

3.在公共建筑和住宅建筑之间设置以高大乔木为主的树林隔离带。我们不仅重视水景的塑造和连接，而且特别强调绿化景观的延续。树林隔离带不仅仅是住宅和公建之间的楔形绿化带，而且是小区建成环境与自然环境联系的重要纽带，它把外部绿化景观有效地延续到小区内部来。同时，这些树林之间也是人们休闲娱乐的场所，可以结合布置体育器械、儿童乐园等。

4.五星级酒店设置在地段与城市道路的相接部位，能够把对内部住宅的影响最小化。简明的功能分区，实现了动静、内外等的有效隔离。五星级酒店在整体空间形态上是整个地块的制高点，造型力求简洁，充满现代气息。一方面，它是整个小区建筑群的起始，具有标志性；另一方面，它成为水系两侧公共建筑群体的结束，也是最华彩的章节。

在整体规划设计中，我们最核心的理念，也是最具特色的部分是树林隔离带的设置，因为它作为一种特殊的边界，具备不同以往的围合元素的特征。首先，它是良好的过滤器，它很好地把动静两区分隔开，并且具有双向的隔离作用；其次，它也是很好的生成器，具备很好的调节小气候的作用；最后，它本身还结合了其他的内容，比如健身、游乐、嬉戏等功能。所以，这道边界不仅仅是传递或过滤信息，而且还能生成和容纳内容。

在单体方面，我们要求在深化设计时，应该满足可持续发展的要求，做到具备良好的隔热、隔声等性能。同时，在建筑边界的处理上，尽量结合先进的科技及工艺，把建筑的围护结构扩展成为具有独立主体地位的建筑构件，能够为塑造良好的居家氛围作出贡献的同时，也能够成为保护自然环境的第一道屏障(图5～6)。

参考文献

[1]蕾切尔·卡逊．寂静的春天．吕瑞兰，李长生译．长春：吉林人民出版社，1997

[2]埃比尼泽·霍华德．明日的田园城市．金经元译．北京：商务印书馆，2000

[3]理查德·罗杰斯，菲利普·吉姆齐德简．小小地球上的城市．仲德崑译．北京：中国建筑工业出版社，2004

[4]阿摩斯·拉普卜特．建成环境的意义——非言语表达方法．黄兰谷等译．北京：中国建筑工业出版社，1992

作者单位：肖礼斌，清华大学建筑学院
谢 坚 江 镇，北京三和创新建筑师事务所

“中国·国际城市建筑可再生能源运用研讨会”

——研讨可再生能源　优化城市构建

环境与能源如今已经成为了全世界面临的首要问题。能源更是保证现代人类文明、经济与社会发展的重要基石，现今的经济发展以及社会进程将会导致全球能源消耗量持续上升。然而，经济的高速发展，人口的增长，粗犷的经济发展模式，以及大规模的矿物燃料的消耗，导致了一系列的全球范围内的污染事件，威胁着人类社会的发展。因此，加强可持续能源的应用，必然会成为全世界范围内的长期发展趋势。

为了能够共享有关可再生能源的政策、经济机制和技术方面的信息，有利国际合作，并加速全球可再生能源与建筑城市一体化应用的推广，由国际建筑师协会与中国建筑学会主办，美国能源基金组织协办，深圳市建筑科学研究院承办的“中国·国际城市建筑可再生能源运用研讨会(CIREC)”于5月15～16日在深圳举行，主会场设在五洲宾馆。

本次会议的主题是“中国·国际城市建筑可再生能源的运用”，并设三个分主题——可再生能源建筑一体化的工程实践(可再生能源在北京2008奥林匹克运动会中的运用)、可再生能源在城市中心区的应用、绿色建筑中的节能技术。作为一次探索可再生能源运用的国际性专业研讨会议，深圳市政府有关领导到会并致辞，与会者达250～300位。大会分研讨和本地参观考察两部分内容，将有力地推进深圳打造绿色建筑之都战略的实施，也是深圳在此领域多年实践取得丰硕成果的展示平台。

活动期间，来自国际建筑师协会、英国皇家建筑师协会与中国建筑学会的专家，中国建筑科学研究院、中国建设部建筑节能中心、深圳市建筑科学研究院、上海建筑设计院、北京市太阳能研究所等各大科研机构的建筑师、规划师，深圳市招商地产有限公司、阿特金斯深圳公司等国内外著名企业的设计师，美国卡内基－梅隆大学、雅典大学、香港大学、清华大学、中国科学技术大学、中山大学、重庆大学、西安建筑科技大学等多所高校的学者们齐聚一堂，就建筑可再生能源运用的形势、目标、发展方向，以及各自在不同领域展开的研究和实践进行演讲和交流。演讲包括“太阳能热水系统在奥运村和奥运场馆中的应用”、“2008奥运会柔道跆拳道馆光导管自然光采光利用研究”、“城市建筑能耗特点与可再生能源运用”、“可再生能源利用与先锋性的建筑艺术表现”、“发电的建筑—绿色建筑设计中的综合可再生能源技术”等具有代表性的热点问题。

大会开幕式于5月15日上午9：30在五洲宾馆B座二楼华夏厅隆重举行，由中国建筑学会周畅秘书长主持。中国建筑学会宋春华理事长致开幕辞，深圳市副市长吕锐锋、国际建筑师协会建筑与可再生能源工作组主任Nikos Fintikakis先生亦有致辞。

接下来的综合论坛由深圳市建筑设计研究总院孟建民院长主持，宋春华、Nicos Fintikakis、Khee Poh Lam(林棋波)、沈辉、Santamouris Mattheos就“发电的建筑：绿色建筑设计中的综合可再生能源技术”、“建筑被动冷却技术发展现状”等演讲主题做了精彩发言。

开幕式当日下午14：00，三大分论坛——“可再生能源建筑一体化的工程实践(可再生能源在北京2008奥林匹克运动会中的运用)”、“可再生能源在城市中心区的应用”、“绿色建筑中的节能技术”分别于五洲宾馆B座一楼南海厅、渤海厅、黄海厅同时进行。何梓年、庄惟敏、李炳华、郝斌、徐力、林武生、刘学真、付祥钊、朱颖心、刘少瑜、陈晓红、刘克诚、朱煊祯、徐政、季杰、张国言、陆剑平、罗振涛等专家学者携各家专长于此共同探讨，积极探索可再生能源在城市建筑中的应用，为创建更美好的城市和生活环境而努力。

“耳闻不如目见，目见不如足践”，与会人员不仅在会议论坛上通过交流碰撞出思维的火花，积极探讨学术问题，还于翌日参观了具有深圳特色的太阳能建筑一体化建筑实例——亚洲最大的太阳能光伏系统(深圳国际园林花卉博览园内)、深圳沿海生态长廊(红树林)、住宅产业化基地(梅山苑)以及国家可再生能源示范基地“建科大楼”；与会人员还看到了运用可再生能源的大型企业，并对可再生能源示范楼“南山科技园大厦”、世界知名绿色建筑示范楼“泰格公寓”进行了考察。